목성 너머

행성 천문학자 하이디 해멀

목성 너머

행성 천문학자 하이디 해멀

프레드 볼츠 지음 | 한국여성과총 교육홍보출판위원회 옮김

해나무

시리즈에 대하여

이 시리즈에 나오는 이야기는 실존 여성들과 그들의 탁월한 과학적 업적을 다루고 있다. 이 여성들 중 어떤 이들은 아주 어린 나이부터 과학자가 되고 싶다는 것을 알았고, 어떤 이들은 한참 후에야 깨달았다. 어떤 이들은 업적을 쌓아가는 과정에서 개인적·사회적 장애를 극복해야 했고, 어떤 이들은 좀 더 단순하고 순탄한 길을 따랐다.

배경과 살아온 이야기는 다르지만 여기에 나오는 비범한 여성들은 하나같이 중요한 신념을 갖고 있었다. 자기가 하는 일이 매우 중요하며, 그 일이 세상을 더 좋은 곳으로 만들 수 있다는 신념이다.

수많은 여타 전기물과 달리 이 시리즈는 현역에서 활동하는 과학자들의 삶의 연대기다. 이 여성들은 다양한 방식으로 이 책을 만드는 데 참여했다. 자신의 인생에서 중요한 세부 사항을 공유

했고, 예시 자료로 쓸 수 있게 개인의 사사로운 사진들을 내놓았으며, 가족이나 친구, 동료들이 인터뷰에 응하도록 요청했고, 독자의 관심을 끌 수 있도록 자신의 전문성을 살려 과학적으로 설명해주었다.

이 시리즈는 새러 리 슈프Sara Lee Schupf와 국립과학원의 전폭적인 도움이 없었다면 성사되지 못했을 것이다. 개인으로서나 조직으로서나 이들은 세상을 이해하려면 과학을 추구하는 게 중요하다는 신념으로 뭉쳐 있었다. 이들은 혁신적인 과학자가 된 지적 호기심이 많은 인물들의 이야기가 독자들에게 즐거움과 깨달음을 제공하기를 바란다. 그리고 이 이야기들이 비슷한 꿈을 좇는 재능 넘치는 이들에게 영감을 불어넣기를 희망한다. 과학 분야의 직업에 도전하는 것은 대단한 일이며, 나아가 그 보답은 훨씬 더 클 것이다.

차례

머리말

예기치 못한 일을 기대하며

하이디 해멀Heidi Hammel은 탐험가다. 행성 천문학자로서, 비록 다른 행성의 표면을 걷지는 못하지만 사진으로 탐험한다. 대행성인 천왕성과 해왕성은 하이디에게 특별한 매력을 지닌 존재다. 하와이에 있는 세계 최대 천문대에서 관측할 때나 우주망원경으로 수집한 영상들을 분석할 때도 하이디는 이 '얼음 거인들'에서 새로운 현상을 찾기를 기대한다.

작지만 흥미로운 세부 정보를 탐색하면서 하이디는 늘 예기치 못했던 발견을 대비한다. 그런 현상을 발견하면 머나먼 태양계 저편이긴 하지만 그것을 하나의 모험으로 바꿔놓는다.

한번은 하이디와 다른 과학자들이 해왕성에서 거대한 폭풍을 발견했고, 그 폭풍은 수십 년에 걸쳐 계속되리라 예상했다. 하지만 5년 후, 하이디는 폭풍이 사라진 것을 발견했다. 또 한번은 하이디가 허블우주망원경 과학자 팀을 이끌고 부서진 혜성 조각들

이 일주일 내내 목성과 충돌하는 광경을 촬영했다. 하이디의 열정과 사실적인 묘사 덕분에 '혜성 대충돌'로 알려진 사건은 하이디를 단번에 유명인사로 만들었다.

이러한 발견으로 하이디는 갈채를 받았으나, 세간의 관심이 삶에 대한 하이디의 태도를 바꾸지는 못했다. 전과 같이 하이디는 미래를 바라보며 매 순간마다 모험을 기대하고 모두가 그 모험에 동참하기를 바란다.

하이디가 차를 몰아 산에 오른다.

저 멀리 산꼭대기에는

세계에서 가장 큰 천문대가 있다.

적외선천문대의 모습이 마치 세상의 꼭대기에 있는 것처럼 보인다. 마우나케아 정상에 있는 이 천문대는 세계적 수준의 천체망원경을 갖고 있다.

1장

두 행성과 데이트

하와이의 큰 섬인 빅아일랜드. 하이디 해멀은 렌트카 운전석에 앉아 두 개의 거대한 화산 사이에 있는 새들로드에서 벗어날 준비를 하고 있다. 지금부터 올라야 할 마우나케아 휴화산의 좁고 가파르게 굽이치는 길을 떠올리며 운전대를 단단히 움켜잡는다. 마우나케아는 '하얀 산'이라는 뜻인데 꼭대기가 자주 눈으로 덮여 있어 그렇게 불린다.

하이디는 차를 몰아 산에 오르기 시작한다. 저 멀리 보이는 정상에 세계 최대의 관측소 중 하나인 미국 항공우주국NASA의 적외선천문대IRTF가 있다. 일이 순조롭게 진행된다면 2003년 8월, 하이디는 이곳에서 사흘 밤을 지내며 대행성인 천왕성과 해왕성을 관측할 것이다. 그 전에 먼저 해발 3000미터에 위치한 오니즈

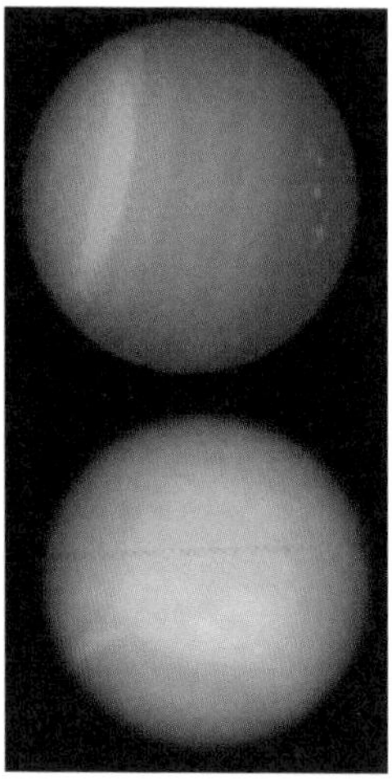
위색(僞色, 가짜 색깔)으로 나타낸 천왕성과 해왕성.

카 방문자 센터에 들를 예정이다. 센터 안에 있는 편안한 숙소가 앞으로 나흘 동안 하이디의 보금자리가 될 것이다.

산에 오를수록 공기는 희박해진다. 마우나케아 관측소가 있는 고도 4300미터까지 올라가면 여객기가 비상 산소 공급 장치를 작동시켜야 할 만큼 기압이 낮아진다. 이 정도로 낮은 기압에서는 산소가 부족해 몸이 제 기능을 하지 못한다.

하이디처럼 노련한 천문연구원은 산을 더 오르기 전에 센터에서 몇 시간 머무르며 휴식을 취해 몸이 고도에 적응할 시간을 가진다.

방에 들어온 하이디는 남편 팀에게 전화를 건다. 세 아이, 비에트리스와 토비아스 그리고 루카스와도 인사하고 싶었지만 코네티컷은 지금 밤 11시가 되어가고 있다. 모두들 꿈나라에 갔을 시간이다. 하이디는 18시간 동안 8000킬로미터를 여행하며 몸이 녹초가 되었지만 그래도 남편과 아이들이 일요일을 어떻게 보냈는지 빼놓지 않고 듣고 싶다. 남편이 다음 날 일찍 출근하려면 잠자리에 들어야 하므로 오랫동안 통화하지는 못한다. 그래도 늘 그랬듯이 남편은 하이디에게 웃음을 준다.

이제 일하러 갈 시간이다. 하이디는 얼른 씻고 관측팀 팀원들

하이디의 세 아이(2003).
(왼쪽부터) 토비아스, 비에트리스, 루카스.

과 식사를 하러 주방으로 간다. 하이디의 하루는 여전히 계속되고 있다. 날이 저물자 사륜구동 자동차로 갈아타고 적외선천문대[IRTF]까지 15킬로미터 더 올라간다. 게다가 마지막 3킬로미터 정도는 구불구불한 비포장도로다. 사실 이 도로는 최근까지도 차량 두 대가 동시에 통과할 수 없을 만큼 좁은 길이었다. 정상에 가까워지자 아스팔트 포장도로가 나타난다. 차량이 먼지를 일으켜 관측소의 거울과 렌즈 등 민감한 장비들을 손상시키는 일이 없도록 포장을 해놓았다. 하이디는 전조등을 끈다. 전조등 빛이 관측에 방해가 될 수 있기 때문이다. 어둠 속에서 조심스럽게 주위를 살피며 관측소로 다가간다.

관측소 안에서는 망원경 조작자인 폴 시어스가 한창 작업 중이다. 하이디는 오늘 밤 특별히 일을 하지는 않을 예정이다. 하이디는 무엇보다 공기가 희박한 고산 지대에 몸을 적응시켜야 한다.

마우나케아의 밤하늘에 은하수의 별들이 반짝인다. 돌로 지어 흰색 산호로 지붕을 덮은 '아후 호쿠', 별의 제단이 달빛을 받은 구름에 기댄 채 서 있다.

하이디는 폴이 근무 중인 것을 기쁘게 생각한다. 전에 여행 가이드로 일했던 폴은 이 산의 지질 이야기와 빅아일랜드의 역사, 망원경으로 밤하늘을 관측하며 지낸 이야기로 하이디를 즐겁게 한다.

즐거운 대화가 이어졌지만 이제 긴 하루를 마무리할 시간이다. 자동차로 간 하이디는 밤하늘을 수놓은 은하수를 올려다본다. 붉게 타오르는 화성이 동쪽 하늘을 점령한다. 천왕성과 해왕성은 같은 방향에 있지만 너무 희미해서 육안으로 보기 어렵다. 다음날 밤에는 적외선천문대의 천체망원경으로 관측하게 될 것이다.

하이디는 다시 어둠을 뚫고 구불구불한 길을 달려 숙소로 내려온다. 도착하니 밤 10시. 깨어 있은 지 23시간째다. 잠에 빠져들며 앞으로 며칠 동안 할 관측에 대해 생각한다.

해왕성은 항상 흥미로운 행성이고, 천왕성은 태양계에서 계절 변화가 가장 극단적인 지금이 특히 매력적인 시기다. 지금 천왕성은 한쪽 반구는 봄으로, 다른 쪽 반구는 가을로 접어드는 분점에 가까워지고 있다. 천왕성이 지금과 비슷한 날씨를 보인 시기는 42년 전인 1961년으로, 어른이 되어 천문학자가 될 하이디는 그때 한 살이었다. 어느 누구도 하이디가 커서 천왕성과 해왕성 전문가가 될 것이라고 상상하지 못했을 것이다. 또한 하이디 해멀의 삶에 무슨 일이 펼쳐질지 하이디 자신도 예상하지 못했다.

천왕성의 특이한 계절 변화

천왕성이 태양 주위를 한 번 공전하는 데 걸리는 시간은 지구를 기준으로 84년이다. 하이디가 태어났을 때 천왕성의 춘분점까지는 불과 5년 정도 남아 있었다. 지구를 기준으로 보면 3월이 시작될 무렵으로 북반구에서는 이른 봄의 징조들이 나타나는 시기다.

천왕성은 태양계에서 가장 극단적인 계절 변화를 보이는데 이는 특이한 자전축(북극과 남극을 관통하는 가상의 선) 기울기를 갖고 있기 때문이다.

모든 행성은 자전축이 공전 궤도를 향해 약간씩 기울어져 있다(아래). 지구의 자전축 기울기는 상당히 큰 편이다. 지구의 자전축은 공전 궤도 쪽으로 25도 가까이 기울어져 있다. 그런데 천왕성은 거의 누워서 자전한다. 천왕성의 북극은 고전 궤도의 약간 남쪽을 가리키고 있다.

이 때문에 천왕성의 계절 변화는 기이하다. 한여름에 북극은 곧바로 태양을 가리킨다. 42년 후 북반구가 한겨울이 되면 남극이 태양을 향하게 된다(오른쪽).

이처럼 극단적인 햇빛의 이동 때문에 하이디와 같은 천문학자들은 천왕성이 분점이 되는 시기에 놀라운 계절 변화가 일어나지 않을까 하는 호기심을 품었다. 더군다나 천왕성의 분점은 지구를 기준으로 42년에 한 번 돌아오므로 무엇보다 흥미로운 변화를 관찰할 수 있는 일생일대의 기회이기도 하다.

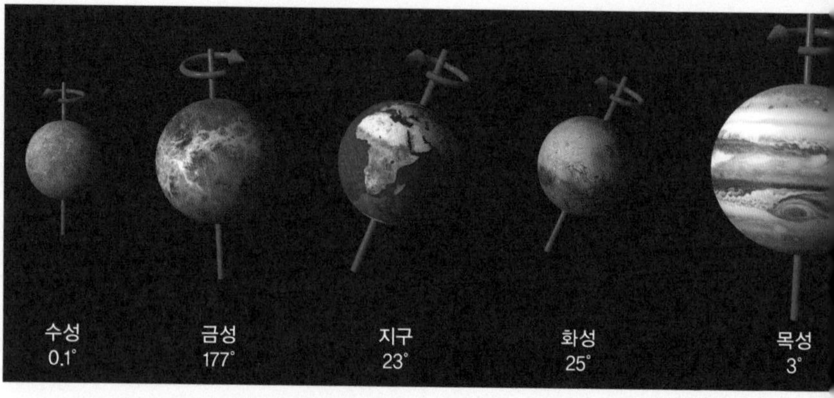

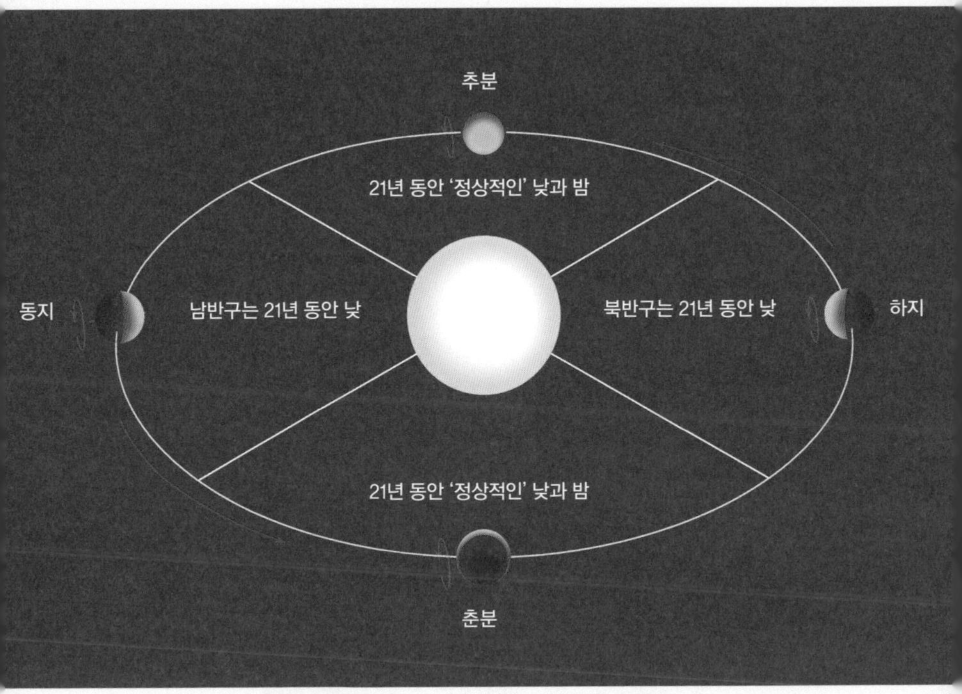
추분
21년 동안 '정상적인' 낮과 밤
동지
남반구는 21년 동안 낮
북반구는 21년 동안 낮
하지
21년 동안 '정상적인' 낮과 밤
춘분

토성
27°
천왕성
98°
해왕성
30°

어떤 사람들은 하이디가 평생을

천왕성 또는 해왕성의

시간으로 살아왔다고 말한다.

캘리포니아의 태양 아래서 뛰어노는 이 아이는 저 멀리 구름 위 세계와 인연을 맺을 운명이다.

2장

충과 분점

사람들이 하이디에게 하와이 여행을 자주 해서 좋겠다고 말하면 하이디는 그냥 웃는다. 그들이 상상하는 그림은 햇빛이 내리쬐는 아름다운 풍경, 용암이 바다로 흘러드는 장관 같은 것이다. 그러나 하이디가 가는 곳은 이런 멋진 그림과는 거리가 멀다. 세계에서 가장 훌륭한 천체망원경들이 있는 하와이에 도착하는 순간부터 하이디의 일은 시작된다. 이곳에서 하이디는 해 질 무렵부터 이튿날 동틀 때까지 행성들을 관측하고 오전에 잠을 잔다. 그리고 다시 망원경으로 돌아갈 때까지 사무실이나 도서관에서 일을 하는 일과가 되풀이된다. 시차와 높은 고도가 빚어내는 피로와 졸음, 두통과 싸우면서 하이디는 되도록이면 제때에 끼니를 챙겨먹는다.

황금빛 광채에 싸인 토성.

밤낮이 뒤바뀐 일과와 희박한 공기 속에서 하이디는 늘 충혈된 눈으로 비몽사몽 속에 하루를 보낸다. 때로는 낮은 기압 때문에 속이 더부룩하고 메스껍다. 하지만 일이 제대로 풀리지 않는 것처럼 보일 때조차 하이디는 매 순간을 사랑한다. 거대한 천체망원경으로 새로운 표적을 향해 초점을 맞출 때면 지금까지 어느 누구도 발견하지 못한 놀라운 무엇인가를 찾을지도 모른다는 기대감이 솟구친다.

해왕성 시간으로 살기

하이디는 최근 몇 년 동안 가장 근사한 행성의 활동을 발견한 주인공이다. 하이디가 운이 좋았다고 말하는 사람도 있는데 틀린 말은 아니다. 그러나 천체 관측에는 행운을 넘는 무엇이 필요하다. 천문학자는 어디서 언제 어떻게 관측해야 할지 알아야 한다. 다시 말하면 하이디의 작업과 일정은 천왕성과 해왕성의 활동에 따라 결정된다는 뜻이다.

지구 바깥쪽에서 궤도를 도는 태양계 행성이나 소행성을 관측하기에 좋은 시간은 그 천체가 '충opposition'일 때, 즉 그 천체와 지

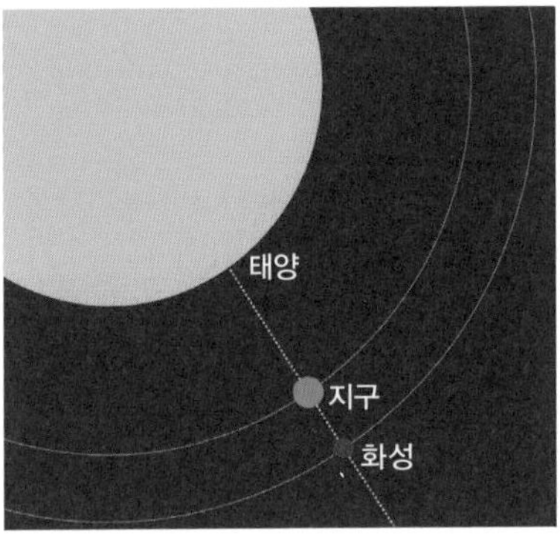

화성처럼 지구 공전 궤도의 바깥쪽에 위치한 외행성만이 태양과 충을 이룰 수 있다.

구가 태양에서 같은 방향에 위치할 때다. '충'이라고 부르는 이유는 지구에서 봤을 때 그 천체가 태양의 반대쪽에 위치하기 때문이다. 또한 천체가 지구에서 가장 가까워지는 것도 이때다. 그래서 천문학자들은 '충'일 때 가장 가까이에서 천체를 관측할 수 있다. 천왕성과 해왕성의 충은 일 년에 한 번, 더 빠르게 움직이는 지구가 태양 공전 궤도 상에서 천체들과 일직선으로 '겹칠 때' 발생한다. 2003년 8월, 두 행성 모두 지구와 충에 근접했고 그래서 하이디는 하와이로 가야 했다.

어떤 사람들은 하이디가 평생을 천왕성이나 해왕성의 시간으로 살아왔다고 말한다. 하이디가 태어난 1960년 3월 14일은 천문학자들이 저 머나먼 세계를 관측하기에 더없이 좋은 시기였다. 그해 2월 9일에는 천왕성의 충이, 4월 28일에는 해왕성의 충이 일어났다. 3월 14일 밤에는 매 시각, 적어도 두 행성 중 하나는 관측하기에 좋은 위치에 있었다.

변화의 계절

하이디가 태어난 날 밤, 세계 최고의 망원경들이 천왕성과 해왕성을 향하고 있었지만 그 망원경들이 만들어낸 사진들은 어떤 구체적인 정보를 보여주지 못했다. 한마디로 당시의 장비들은 성능이 그다지 뛰어나지 않았다. '얼음거인'들인 천왕성과 해왕성은 몸집이 더 큰 '가스거인' 사촌들인 목성과 토성처럼 보는 이들의

1960년 당시에는 캘리포니아 팔로마 관측소에 설치된 200인치 구경의 헤일 망원경이 첨단장비였다. 이것은 1990년대까지도 세계 최대의 반사망원경이었다. 과학자들은 이 망원경을 사용하려고 망원경 안으로 기어 올라가곤 했다.

눈길을 사로잡는 화려한 구름 띠를 갖고 있지 않다.

구체적인 대기 정보가 없으면 천문학자들도 천왕성과 해왕성의 날씨를 관측할 방법이 없다. 그렇긴 하지만 천문학자들은 그곳에서 어떤 일이 일어나는지 궁금증을 접지 않았다. 하이디가 태어났을 때 지구 북반구에서는 봄의 첫날, 즉 춘분이 다가오고 있었다. 매년 춘분과 추분에는 지구 상의 모든 곳에서 밤과 낮의 길이가 같아질 뿐 아니라 날씨 변화도 가장 뚜렷해진다.

하이디가 태어날 당시 계절만 바뀐 것이 아니었다. 하이디의 가족도 중대한 변화를 맞이하고 있었다. 하이디의 어머니 필리스와 아버지 로버트는 그 전해 6월에 재산을 정리하고 고향인 동부 펜실베이니아를 떠나 캘리포니아로 이사했다. 당시 캘리포니아는 기회를 찾고자 하는 젊은 부부에게 희망의 땅이었다. 하이디의 아버지는 새로운 일자리를 얻어 주 정부를 위해 일하기를 원했다.

어머니 필리스 역시 새로운 삶에 기대를 품었지만 타향살이가 쉽지는 않았다. 루터파 교회에 다니면서부터 조금씩 적응하긴 했으나 펜실베이니아에서 다니던 교회의 신도들이 여전히 그리웠다. 필리스는 캘리포니아로 이사오기 전에 병원 간호사로 일했다. 하지만 생후 4개월 된 아들 헤이즌과 3월에 태어날 하이디와 함께 캘리포니아로 오면서 취업을 조금 미루기로 했다. 필리스는 어린 자녀들을 키우는 데 좀 더 힘을 쏟고 싶었다.

대행성

목성과 토성, 천왕성과 해왕성은 '대행성'이라고 불린다. 이름에서 알 수 있듯이 이 행성들은 지구보다 훨씬 덩치가 크다. 그 밖에도 눈에 띄는 차이점이 많다. 네 행성은 대부분 가스와 액체, 얼음으로 구성되어 있다. 표면이 단단하지 않아 우주선을 타고 도착한다고 해도 착륙할 수가 없다. 대기 속에 빠져 가라앉았다가 엄청난 기압 때문에 결국 산산조각이 나거나 높은 온도로 인해 녹아버리거나 둘 중 하나다.

두께가 1300킬로미터에 이르는 목성의 대기는 태양과 마찬가지로 수소(81%)와 헬륨(17%)이 대부분을 차지한다. 그리고 메탄도 약간 있다(메탄은 천연가스의 주성분이다). 목성은 '가스거인'이라고 불린다. 또한 태양계에서 가장 크고 무거운 행성이기도 하다. 태양과의 평균 거리는 7억 7800만 킬로미터이다.

토성은 태양계에서 두 번째로 큰 행성이다. 태양과의 거리는 목성보다 두 곱절 멀다. 목성과 마찬가지로 대기는 대부분 수소(96.3%)와 헬륨(3.3%) 그리고 약간의 메탄으로 구성되어 있다. 토성의 핵은 뜨겁고 바위로 이루어져 있다.

천왕성과 해왕성의 대기 역시 대부분 수소와 헬륨으로 구성되어 있지만 목성이나 토성에 비해 메탄이 조금 더 많다. 메탄이 적색광을 흡수하고 청록색광을 반사하기 때문에 이 행성들은 청록색으로 보인다. 두 행성의 핵 역시 바위로 이루어져 있다. 천왕성과 태양의 거리는 토성보다 두 배 더 멀고, 해왕성은 세 배 더 멀다. 이들 행성에는 두꺼운 대기 아래 소금물로 이루어진 얼음층이 있는 것으로 알려져 있다. '얼음거인'이라고 불리는 이유도 이 때문이다.

견고하고 아름다운 이 네 개의 대행성 모습이 허블 천체망원경에 천연색으로 포착되면서 우주에 대한 사람들의 시각이 단번에 바뀌었다.

아메리칸 드림의 실현

하이디가 태어나고 2년 후에 막내 리사가 태어났다. 언니와 오빠가 으레 그렇듯이 네 살배기 헤이즌과 세 살배기 하이디는 갓난아기를 상대로 한 편이 되었다. 동생의 유모차에 장난감을 던지며 놀다가 엄마한테 야단맞기 일쑤였다.

이러한 양상은 아이들의 유년기에도 계속되었다. 하이디는 여동생과 같이 놀 때보다 오빠인 헤이즌과 함께하는 시간이 많았으며, 리사보다 활동적이고 모험을 즐겼다. 가족들과 해변으로 소풍을 가면 아빠와 함께 탐험에 나서곤 했다. 하이디와 달리 리사는 엄마와 함께 조용히 모래 놀이를 하며 시간을 보냈다.

해멀 가족은 여러 면에서 그 시기 도시 근교에서 생활하는 전형적인 중산층 가정의 삶을 살았다. 하이디의 아버지는 여유 있는 삶을 누리기에 충분한 연봉을 받는 직장에 다녔고, 어머니는 자녀 양육과 집안 살림을 책임졌다.

하이디와 헤이즌은 여름이면 아버지와 함께 놀 거리를 찾아나섰다.

아버지는 자신이 집안에서 첫 대학 졸업자라는 사실에 자부심을 가졌고, 아이들은 어릴 때부터 자기들도 대학에 진학할 것이라고 생각했다. 하이디의 부모는 아이들이 다재다능한 사람이 되길 바라며 하이디에게 네 살 때 수영을, 다섯 살 때는 피아노를 가르쳤다. 가족 여행은 재미도 있었지만 이 중에는 교육을 위한 여행도 꽤 있었다. 이들 가족은 자주 박물관을 찾았고 아이들이 자연과 역사 또는 문화에 대해 배울 수 있는 곳들을 여행했다.

하이디, 리사, 헤이즌이 볼이 발그스레한 유쾌한 산타클로스와 함께 사진을 찍었다.

해멀 부부는 독서를 중요하게 여겨, 많은 책과 잡지로 집을 채웠다. 또 책에서 배우는 것으로 끝나지 않고 상상력을 발휘할 수 있도록 격려하고, 장난감과 선물을 고를 때도 재미와 함께 교육 측면을 고려했다. 아버지는 망원경도 사서 뒤뜰에 설치했지만 나중에 천문학자가 된 하이디는 이를 거의 사용하지 않았다고 한다. 하이디는 그보다는 TV 드라마 〈스타트렉〉을 시청하거나 엔터프라이즈호의 청사진에 대해 연구했다.

특히 어머니는 아이들이 삶에서 흥미롭고 중요한 것을 발견하기를 바랐다. 그것이 행복과 성공으로 가는 길이라고 생각했다. "네 머릿속에 들어 있는 건 누구도 빼앗아가지 못한단다." 어머니는 종종 아이들에게 말했다. "읽고, 공부하고, 배우고, 꿈을 꾸어라. 그리고 가서 이루어라."

숨은 도전

사람들의 눈에 해멀 가족은 이상적인 미국 가정으로 비쳤다. 그러나 여느 가정과 마찬가지로 그들에게도 문제는 있었다. 아버지는 아이들을 사랑했지만 겉으로 잘 표현하지 못했다. 하이디의 일상에서 아버지는 거의 존재감을 갖지 못했다. 아이러니하게도 하이디가 아버지와 친밀감을 느꼈던 유일한 시기는 아버지가 수천 킬로미터 떨어진 태국에서 일할 때였다. 하이디가 일곱 살 때였다.

아버지는 종종 아이들에게 태국의 동화책이나 연, 인형을 선물로 보냈고, 하이디는 이런 선물을 오랫동안 간직했다. 또한 아버지는 자신의 방에 들어온 도마뱀이나 이국적인 음식 이야기를 편지로 써서 아이들에게 보내곤 했다.

아버지와의 다소 서먹한 관계가 하이디의 유일한 문제는 아니었다. 어릴 때 하이디의 아버지는 자주 직장을 옮겼는데 그때마다 가족들은 이사를 가야 했다. 하이디가 겨우 친구를 사귈 만하면 또 새로운 곳으로 이사를 갔고, 이런 일이 거듭 벌어졌다. 하이디가 여섯 살이 될 때까지 캘리포니아의 세 도시에서 다섯 번이나 이사를 다녔다. 그러다 다시 펜실베이니아로 돌아와 두 번 더 이사를 했고, 1970년에야 겨우 펜실베이니아 클라크스 서밋에 정착했다.

1960년대에는 이 태국 양산처럼 먼 나라에서 가져온 기념품들이 특별한 추억거리였다.

직장을 옮길 때마다 아버지는 새로운 직무가 주는 중압감에 시달렸고 그 스트레스를 잘 이겨내지 못했다. 아버지는 잠시나마 문제를 잊고 싶어 술에 의지하기 시작했다. 술에 점점 더 의존하면서 결국에는 중독에 이르는 지경이 되었다. 알코올 중독자들은 술을 끊고 싶어도 혼자서 끊지 못하고 주위의 도움을 필요로 한다.

하이디가 아는 것은 자기 아버지가, 특히 술을 마셨을 때는 다른 아버지들과 다르다는 것뿐이었다. 하이디는 무엇이, 왜 잘못되었는지 이해할 수 없었다. 다만 그 상황이 마음에 들지 않았다.

천왕성과 해왕성의 소용돌이치는 구름을

처음으로 보기 전부터 하이디는

폭풍우에 익숙했다.

원숭이 그네를 타고 모험을 준비하는 하이디.

3장

폭풍과 대피소

하이디가 천왕성과 해왕성의 소용돌이치는 구름을 처음으로 보기 전부터 하이디는 폭풍우에 익숙했다. 모든 소녀들이 사춘기에 이르면 겪게 되는 몸과 정서의 변화를 감당하기도 버거운데 완고한 성격에 알코올 중독자인 아버지의 존재는 하이디를 더욱 힘들게 했다.

다행스럽게도 어머니는 아이들을 편안하게 해주고 격려하려고 애썼는데 그 덕분에 하이디는 안정적인 가정생활을 누릴 수 있었다. 어머니는 아이들이 자유롭게 탐험할 수 있도록 내버려두면서도 넘어서면 안 되는 한계를 정해주었다. 아이들은 어머니가 "이 선을 넘으면 안 된다."고 말하면 더 이상 넘어서는 안 된다는 것을 알았다.

마우나케아에서는 환상적인 석양을 어렵지 않게 볼 수 있다.

원숭이 그네

하이디는 새로운 동네를 탐험하는 것도 좋아했지만 새 친구들에 대한 기대도 컸다. 하이디는 친구를 사귀려고 멀리까지 갈 필요가 없었다. 길 건너에 사는 테레사 크랭클은 하이디와 나이가 같았다. 두 소녀 모두 숫자와 수학을 좋아했다. 또한 실내 게임을 즐겼으며 특히 카드와 보드게임을 좋아했다. 밖에서 놀 때는 활기 넘치고 모험심 강한 소녀들로 바뀌었다.

특히 하이디네 뒷마당에 있는 원숭이 그네가 주 무대였다.

원숭이 그네는 빨간색의 둥근 플라스틱 의자를 튼튼한 참나무 가지에 노란색 긴 밧줄로 매단 놀이기구였다. 하이디와 테레사는 이름에 어울리는 그 그네를 가지고 놀았다. 그네를 타고 공중곡예를 하듯 빙글빙글 돌기도 하고, 돌면서 밧줄을 나무에 감기도 했다.

어느 초여름 날, 모험심이 화를 불렀다. 테레사가 원숭이 그네를 타다가 잘못해서 떨어지는 바람에 팔이 부러지는 사고가 일어났다. 테레사는 몇 주 동안 석고붕대를 해야 했고, 수영이나 다른 야외활동을 하지 못하게 되었다.

하이디는 풀이 죽었다. 하이디의 잘못은 아니었지만 하이디의 그네였기 때문이다. 가장 친한 친구를 여름 내내 할 일 없이 심심하게 내버려둘 수는 없었다. 그래서 하이디와 테레사는 집 안에서 게임을 하거나 새로운 게임을 만들었다. 모노폴리를 한 번에 서너 세트씩 가지고 놀았다. 모노폴리 돈이 떨어지면 '인생 게임'에서 돈을 가져오기도 했는데 인생 게임은 10만 달러까지 사용할 수 있었다. 둘은 5달러, 10달러, 20달러 등 액수별로 얼마나 많은 지폐를 갖고 있는지 기록하려고 도표와 그래프도 만들었다. 하이디와 테레사는 카드 게임을 조합해 좀 더 복잡한 새 게임을 개발하기도 했다. 예를 들면, 카드 다섯 벌로 진 러미gin rummy 게임을 했다.

당시에는 알아차리지 못했지만 하이디에게는 그 여름날의 시간

하이디는 테레사와 많은 시간을 함께 놀았다. 하이디는 모노폴리를 통해 패턴을 파악하는 법을 배웠다(아래).

이 첫 번째 과학 경험이었다. 도표와 그래프를 만드는 것도 그렇지만 새로운 게임을 개발하면서 하이디는 세세한 것들에 집중하는 법을 배웠다. 뿐만 아니라 어떤 사물을 들여다보고 어느 누구도 하지 않은 방식으로 질문할 때 새로운 발견을 할 수 있다는 것을 깨달았다.

영혼 속의 음악

하이디의 지능은 꽃을 피우고 있었지만 아버지의 알코올 중독은 그의 삶을 좀먹고 있었다. 저녁에 집으로 돌아온 아버지는 쓰러지듯 의자에 주저앉아 잠들 때까지 술을 마셨다. 드문 일이긴 하지만 집에 손님이 있을 때도 다르지 않았다.

아버지 때문에 힘들면서도 하이디는 아버지 문제가 자신의 삶에 영향을 미치도록 놔둘 수 없었다. 하이디는 "네 꿈을 따르라."는 어머니의 조언대로 자신의 영혼을 풍요롭게 해줄 활동들에 집중했다. 그 활동에는 음악도 있었다. 하이디는 클래식부터 팝과 록에 이르기까지 장르를 따지지 않고 모든 음악을 좋아했다. 음악을 감상하는 것, 연주하는 것, 노래하는 것 다 좋아했다.

중학교에 들어가자 하이디는 자기처럼 음악을 좋아하는 친구들과 사귀게 되었다. 마이클 벤드릭과 베스 스토퍼도 하이디처럼 수학과 과학을 좋아했는데, 세 사람을 단단히 엮어준 매개체는 음악이었다.

많은 사람들에게 그렇듯이 음악은 하이디에게 삶의 기쁨과 성취감을 북돋워주었다.

베스는 7학년 때까지 피아노를 배우지 않았지만 빠르게 따라잡았다. 베스가 피아노를 배운 지 1년 후 하이디는 다섯 살 때부터 계속 피아노를 배운 자신보다 베스가 "열 배는 더 뛰어나다"고 말했다. 하이디는 음악을 정말 사랑했기 때문에 포기하지 않았다. 하지만 자신이 전문 연주자로 성공할 만한 재능은 갖지 않았다는 사실을 깨달았다. 하이디는 피아노보다 더 재미있고 연습은 덜 해도 되는 악기들을 찾았다. 그러다 기타를 배웠고 많이 좋아했지만, 고등학교 밴드부나 오케스트라에 들어가서 연주하고 싶었다. 하이디는 타악기 연주를 시도해보기로 결심했다.

당시만 해도 타악기를 연주하는 여학생은 낯설었지만 하이디는 크게 신경 쓰지 않았다. 오랜 시간 피아노를 배운 덕분에 어떤 악기들은 수월하게 배울 수 있었다. 실로폰 건반의 배열은 피아노와 같아서 연주하는 데 전혀 어려움이 없었다.

팀파니(케틀드럼)를 연주할 때는 음정 감각이 도움이 되었다. 다른 드럼 연주자들은 리듬과 속도만 이해하기 때문에 음정 부분에서 어려움을 겪었다.

하이디는 연극도 좋아했다. 8학년 때 연극 〈러프 엔 레디Rough and Ready〉의 오디션에 도전했다. 하이디는 익살스러운 행동으로 인기를 휩쓴 쌍둥이 배역 중 하나를 맡았다.

관객들이 가볍게 웃을 때도 하이디는 진지하게 연기에 몰두했다. 준비 없이 무대에 올랐다면 매우 창피했을 게 분명하다. 그런데 이듬해 '신입생 소동Freshman Frolic'이라는 고등학교 댄스파티에서 하이디는 준비 없이 무대에 오르는 상황에 처했다.

그날 밤 하이디는 무척 창피했다. 데이트 상대가 자기를 데리러 오기 전 거울에 모습을 비춰 보면서 드레스가 형편없다고 생각했다. 이 모습을 다른 아이들이 본다는 것이 끔찍하게 싫었다. 사회를 맡은 학생이 하이디에게 〈러프 엔 레디〉의 한 장면을 보여줌으로써 모두를 즐겁게 해달라고 부탁했지만 하이디는 고개를 저었다. 하이디는 연극을 한 게 몇 달 전 일이라서 다시 하기가 어렵다고 말했으나 친구들이 부추겼다.

사회자가 끌어내다시피 해서 하이디를 무대에 세웠다. 하이디는 부끄러웠지만 어렵게 침착함을 유지했다. 무대에서 하이디는 실수를 몇 번이나 했지만 관객들은 웃음을 보내며 박수를 쳤다. 베스나 마이클조차 하이디의 감정을 알아채지 못했다. 하이디는 자신이 얼마나 창피하고 화가 났는지 들키고 싶지 않았다.

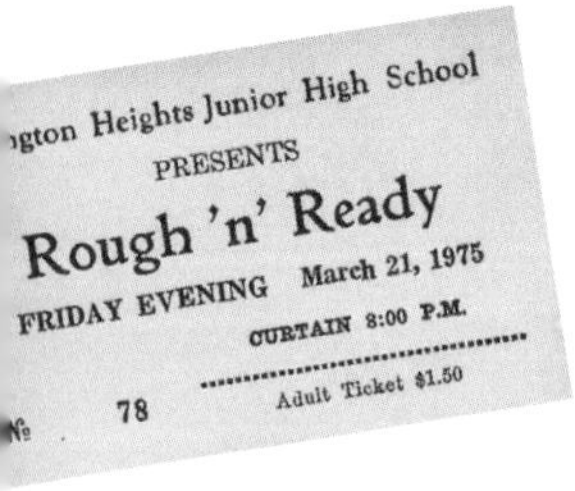

블랙아웃, 정전!

하이디는 자신의 감정을 숨기는 데 익숙해졌다. 사실 지나칠 정도였다. 집에서 어머니에게도 좀처럼 속마음을 털어놓지 않았고 가족들 사이에서는 늘 긴장감이 감돌았다. 모든 것을 속에 쌓아 두면서 혼자서 고민하는 것은 건강에 좋지 않은 영향을 주었다. 하이디는 식욕을 잃어 제대로 먹지 못했다. 어머니는 큰 문제로 여기지 않았지만 어느 일요일 아침 결국 하이디는 교회 합창단에서 노래를 부르다가 기절하고 말았다.

의사는 과도한 스트레스 때문이라고 설명했다. 어머니가 내린 결론은 분명했다. 어머니는 아버지의 알코올 중독이 가족에게 미치는 영향을 오랫동안 외면하고 있었다.

어머니는 이제 아이들을 위해 단호한 결단이 필요하다는 것을 깨달았다. 남편이 술을 끊지 않으면 결혼 생활을 더는 이어갈 수 없다고 생각했다.

오래지 않아 어머니는 자신의 결정이 옳았음을 알았다. 아이들에게 두 사람이 이혼할 거라고 말했는데 하이디는 놀라지 않았다. 하이디가 가장 먼저 물은 말은 "아버지는 언제 집을 나가나요?"였다.

헤이즌과 리사도 크게 다르지 않았다. 세 아이는 가끔씩 아버지를 그리워했지만 이제 아버지의 술주정 때문에 불안해하지 않아도 된다는 사실에 안도하는 듯이 보였다. 좋은 변화가 생기기 시작했다. 사람들이 집에 드나들었다. 이웃과 친척들이 방문했고 아이들도 마음 놓고 친구들을 집으로 초대했다. 마침내 긴장감이 사라졌고 집은 편하게 쉴 수 있는 공간이 되었다.

자신만의 공간 찾기

하이디는 가정생활이 안정되면서 학교생활에 몰입할 수 있었다. 애빙턴 하이츠 고등학교 학생들은 밴드부, 잘나가는 아이들, 운동부 등 몇몇 부류로 나뉘었다. 헤이즌과 하이디는 밴드부였다. 리사나 다른 아이들이 보기에는 똑똑하고 공상과학을 좋아하는 모범생에 속하는 부류였다. 주말 파티나 유행하는 패션에는 관심이 없었다. 반대로 리사는 운동을 좋아하고 연극을 하는 "인기 많고 잘나가는" 아이들의 일원이었다.

밴드부원인 하이디와 마이클이 함께 카메라 앞에 섰다.

십대 자매의 성향 차이는 취미와 어울리는 친구들 외에도 나타났다. 두 사람은 오랫동안 한방을 썼는데

하이디(앞 줄 중앙)와 고등학교 합창단 단원들.

하이디가 고등학생이 되면서 싸움이 끊이지 않았다. 리사는 방을 깔끔하게 정돈하는 반면, 하이디는 여기저기 늘어놓기 일쑤였다.

하이디와 리사는 방을 반으로 나누고 "이 선을 침범하지 말자!" 고 외쳤지만 소용이 없었다. 늘 디툴만 한 일이 생겼다.

자매의 싸움 소리에 지친 어머니가 어느 날 묘안을 내놓았다. 어머니는 자매를 따로 떼어놓고 하이디를 오빠인 헤이즌과 한방을 쓰게 했다. 헤이즌도 하이디 못지않게 방을 어지럽혔다. 헤이즌과 하이디는 자기 물건이 어디 있는지 알았고 상대방이 어떻게 생각하든 신경 쓰지 않았다. 고등학교 시절 내내 하이디와 헤이즌은 질서정연하게 어질러진 방을 함께 썼다. 둘은 상대의 프라이버시를 존중했기 때문에 문제가 되지 않았다. 하이디와 헤이즌은 음악에 대한 관심도 공유했다. 둘은 합창단 연주회와 마드리갈 합창단에서 함께 노래했다. 하이디는 밴드뿐 아니라 오케스트라에서도 연주했다. 어느 해 하이디는 지역 밴드에 선발되었고, 특별 마림바 듀엣을 위한 두 명의 타악기 연주자 중 하나로 뽑혀 주위를 깜짝 놀라게 했다.

제대로 하기

고등학교 시절 선생님들 중에서 하이디에게 가장 큰 영향을 준 사람은 합창단 지휘자였던 수잔 샤우트였다. 샤유트는 예전에 뉴욕 시 라디오시티 뮤직홀의 로케트 무용단 단원이었는데, 학생들을 프로라고 믿었을 뿐 아니라 프로정신을 요구했다. 합창단 수업은 항상 전문 가수와 같은 훈련으로 시작되었다. 샤우트는 학생들에게 말하곤 했다. "이건 아마추어들이 취미로 하는 활동이 아니야."

수잔 샤우트 선생님은 학생들에게 악기 연주만 가르친 게 아니라 올바르게 사는 법도 가르쳤다.

"하나를 하더라도 제대로 해라. 어떤 일이든 대충 하지 마라." 샤우트는 주장했다. "항상 프로처럼 온 힘을 쏟아라."

하이디는 선생님의 말을 가슴 깊이 새겼다. 하이디는 프로가 되고 싶었다. 그런데 무슨 프로가 될지는 몰랐다. 대학에 진학하면 그 답을 찾을 것이라고 생각했다. 모두들 하이디가 음악을 전공할 것이라고 기대했지만 하이디의 생각은 달랐다. 다들 하이디가 똑똑하다는 것을 알았지만, 어떤 대학이 딱 맞을지는 알지 못했다. 또한 가족의 경제 사정도 고려하지 않을 수 없었다.

졸업반 시절은 모든 고등학생에게 중대한 삶의 전환기다. 하이디에게도 다르지 않았다.

고등학교 졸업반, 하이디가 삶에서 중요한 결정을 내려야 할 때가 되었다. 자신에게 가장 적합한 대학을 선택하는 것이 하이디 앞에 놓인 과제였고, 하이디는 이 일에 온 힘을 기울였다.

만약 하이디가 과학을 좋아하고

그래서 과학을 고려해야 한다면,

MIT와 같은 최고의 대학에 지원하지 않을 이유가 없다.

1978년 봄, 애빙턴 하이츠 고등학교 졸업반 시절. 하이디는 그 해 여름이 지나고 MIT에 입학했다.

4장

MIT로 가는 길

하이디의 아버지는 자신이 펜실베이니아 주립대학교를 졸업한 것을 늘 자랑스럽게 이야기했다. 펜실베이니아 주립대학교는 하이디 가족이 사는 클라크스 서밋에서 가까울 뿐 아니라 교육 수준이 높고, 지역 주민인 학생들에게는 학비도 저렴했다. 무엇보다 펜실베이니아 주립대학교 학생들은 여러 다른 분야를 전공할 수 있었다. 하이디가 아버지의 모교를 목표로 하는 것은 놀라운 일이 아니었다.

하이디는 펜실베이니아 주립대학교에 너끈히 합격했다. 대학에 합격하고 나서는 졸업반 수업에 거의 관심을 두지 않았다. 아버지는 하이디의 입학 허가를 확정하기 위해 서둘러서 예치금을 납부했다.

계획 변경

하이디는 자신의 결정에 만족했다. 그러던 어느 날 미적분 수업 시간이었다. 학생이 네 명뿐인 고급 과정이라 매리 로즈 선생님은 학생들 하나하나를 잘 알고 있었다. 선생님은 학생들이 자신에게 적합한 대학에 진학했는지 알고 싶었다. "다들 어느 대학에 가기로 했니?" 로즈 선생님이 학생들에게 물었다.

"펜실베이니아 주립대학교요." 자기 차례가 되자 하이디가 대답했다.

그러자 로즈 선생님이 다시 물었다. "다른 곳은 생각해보지 않았니?"

하이디는 혼란스러웠다. 왜 다른 곳에 가야 하는 걸까?

"집에서도 가깝고 저희 아버지도 거기 출신이라서요……."

로즈 선생님은 하이디가 수학은 물론 과학 과목에서도 두각을 나타내는 것을 알고 있었다. 선생님이 다시 말했다. "MIT에 지원해보면 어떻겠니?"

MIT는 지금도 그렇지만 미국에서 과학과 공학 분야의 최고 명문 대학교 중 하나다. 그렇지만 그때까지 하이디는 MIT에 대해 들어본 적이 없었다. 하이디는 갑자기 펜실베이니아 주립대학교가 그리 당연한 선택이 아니라는 생각이 들었다. 하이디는 과학을 생각했어야 했다. 과학을 좋아한다면 MIT와 같은 명문 대학교에 지원하지 않을 이유가 없었다.

하이디는 응시원서를 작성하고 어떤 선생님께 추천서를 받아야 할지 고민했다. 누구한테 부탁하지? 로즈 선생님은 기쁜 마음으로 추천서를 써주었다. MIT는 과학 대학이니 이번에는 화학 선생님을 찾아갔다. 하이디는 화학 과목에서도 성적이 우수했고 똑똑하고 진지한 학생으로 인정받고 있었다. 하이디는 화학 선생님이 좋은 추천서를 써주리라고 믿었다.

수학 교사인 매리 로즈는 하이디가 전혀 생각해본 적 없는 새로운 길을 보여준 훌륭한 멘토였다.

"추천서 좀 써주시겠어요?" 하이디가 선생님께 부탁했다.

"못 써줘." 화학 선생님이 대답했다.

"써주세요." 하이디는 계속 부탁했다.

"넌 절대 MIT에 못 가." 화학 선생님은 여자는 과학 대학에 들어갈 만큼 "똑똑하지" 않다는 선입견을 가진 고루한 사람이었다.

"그래요?" 하이디가 대답했다. 어떻게 화학 선생님은 그렇게 확신할까? 하지만 하이디는 화학 선생님이 생각을 바꾸지 않을 것을 알고 있었다. 하이디는 대신 역사 선생님을 찾아가 추천서를 부탁했다.

몇 달 후 하이디의 우체통에 MIT 합격 통지서가 도착했다. 하이디는 선생님들에게 어서 그 소식을 알리고 싶었다. 마음 같아서는 화학 선생님 앞에 합격 통지서를 들이밀고 싶었지만 대수롭지 않게 말했다.

“저 MIT에 합격했어요.”

하이디는 그의 대답을 결코 잊지 못한다.

“그건 순전히 네가 여자이기 때문이야. 정해놓은 남녀 할당 비율을 채워야 하니까.”

하이디는 말문이 막혔다. 괜찮아. 하이디는 스스로에게 말했다. 그렇게 생각하신다면 좋아요. 한번 두고 보세요!

눈물 그리고 여행

MIT와 같은 명문 대학교는 입학하기도 어렵지만 장학금을 받는 것도 하늘의 별 따기였다. 하이디는 충분한 장학금을 받지 못했고, 나머지 수업료와 생활비를 감당할 여력이 부모님에겐 없었다. 그래서 하이디는 학교 상담사를 찾아가 도움을 청했다.

상담사는 MIT에 전화를 걸어 하이디를 바꿔주었다. 하이디는 자신의 형편을 설명하고 MIT에 가고 싶은 마음이 얼마나 간절한지 이야기했다. 하지만 소용없었다. 담당자가 말했다. “안됐지만 MIT 입학은 어려울 것 같네요.” 하이디는 결국 울음을 터뜨렸다.

그래도 하이디는 포기하지 않았다. 가족들에게 MIT 담당자와 통화한 내용을 이야기하자 오빠 헤이즌이 말했다.

"MIT로 가서 직접 얘기해보는 게 어때?"

반쯤은 농담으로 한 말이지만 헤이즌은 MIT가 재정이 탄탄하고 장학 제도도 많은 학교라는 것을 알고 있었다.

하이디는 오빠의 생각이 옳다고 생각했다. 하이디는 다섯 시간을 운전해 매사추세츠 케임브리지로 달려갔다. 그곳에서 MIT는 '테크놀로지 데이'라는 오픈하우스 행사를 하고 있었다. 캠퍼스를 돌아본 하이디는 학교가 마음에 들었다. 하이디는 학교 재정 지원실을 찾아가 전화로 했던 부탁을 반복했다.

하이디의 결단력 있는 행동에 감동한 담당자는 하이디의 아버지에게 전화를 걸어 애교심이 강한 아버지에게 딸의 MIT 입학을 허락할 것을 설득했다. 학교도 약간의 장학금을 제공했지만 그래도 MIT 학비는 아비지에게 큰 부담이었다. 하이디 역시 학교에서 시간제로 일하면서 자기 몫을 해야 할 것이다. 결국 아버지는 딸의 선택을 지지하고 나머지 학비를 지원하기로 했다. 하이디는 자신에게 주어진 선택안들을 살펴보았다. 펜실베이니아 주립대학교는 부담도 없고 학교생활도 잘 해나갈 수 있을 것이다. MIT의 경우는 미래는 다소 불확실하지만 훨씬 흥미로웠다. 하이디의 합창단 지휘자인 샤우트 선생님은 전문가라면 도전에 맞서야 한다고 가르쳤고, 하이디의 선택도 분명했다.

따뜻하고 햇볕이 내리쬐는 날이면 MIT 본관 주변의 넓은 잔디밭은 바쁜 학생들이 짬을 내서 쉬기에 딱 좋은 장소다.

MIT로 결정하고 나자 사람들의 질문이 이어졌다.

"전공은 뭘로 할 거야?"

"졸업하면 뭘 하고 싶어?"

하이디는 어떤 질문에도 대답할 수 없었다.

1978년 가을, MIT 신입생으로 입학할 때까지 하이디는 구체적인 목표가 하나도 없었다. 어머니는 하이디와 함께 학교로 가서 하이디가 적응할 수 있도록 도와주었고 입학식에도 참석해 총장까지 만났다. 총장이 하이디에게 뭘 공부할 계획이냐고 묻자 하이디가 대답했다.

"뭘 공부해야 할지 아직 잘 모르겠어요. 제가 아는 건 여기가 공부하기에 가장 좋은 곳이라는 거예요. 저는 배우려고 여기 왔습니다.”

하이디가 그때 어머니의 마음을 읽을 수 있었다면 이런 소리를 들었을 것이다. 하이디, 목표를 가져야지! 그런 식으로 말하면 어떡하니?

하지만 총장의 반응은 달랐다. 그는 웃으면서 말했다.

“그런 자세라면 이곳에서 충분히 잘 해나갈 것 같아요.”

몇 달이 흘렀다. 그러나 하이디는 그 예측에 동의할 수 있는지 아직 확신이 서질 않았다.

고등학교 내내 거의 모든 과목에서

A학점을 쉽게 받았던 하이디는

그 전까지 한 번도 겪어보지 못한 도전에 직면했다.

자, 시작이다! 하이디는 매사추세츠 케임브리지에 도착해 대학 생활을 시작했다.

5장

진로 결정

MIT 신입생들에게 전공은 중요하지 않다. 한두 선택과목 외에는 모든 신입생이 동일한 수업을 받는다. 그 '모든 신입생'에 하이디가 아는 가장 똑똑한 사람들도 있었다.

하이디에게 고등학교 과정은 매우 쉬웠다. 애빙턴 하이츠 고등학교에서 하이디는 거의 모든 과목에서 A를 받거나 가끔 B를 받았다. 남는 시간에는 음악이나 연극반 활동을 즐기고, 별을 바라보거나 친구들과 놀며 여유롭게 보냈다.

그러나 MIT 학생들은 다들 하이디만큼(또는 하이디보다) 똑똑했고, 수업은 상상 이상으로 따라가기 어려웠다. 뭐 하나 쉬운 게 없었다.

하이디는 회상한다.

〈사이언티픽 아메리칸〉 잡지는 과학과 기술 관련 주제에 관한 정보를 얻는 한 방편이다.

"제게 MIT는 그저 끔찍한 경험이었어요. MIT에 가면 공부하고, 공부하고, 또 공부하다가 결국 낙제를 하지요. 그래서 더욱 열심히 공부하고 다시 낙제를 해요."

신입생 시절 하이디가 좋은 성적을 낸 과목은 단 하나, 미적분뿐이었다.

"그렇지만 물리학은 낙제의 연속이었어요. 도저히 안 되더군요."

고등학교 시절 내내 힘들이지 않고 A만 받던 학생이 그때까지 경험하지 못한 도전에 직면했던 것이다.

그래도 하이디는 그만둘 생각이 없었다. 필수 물리학 과목을 통과할 때까지 포기하지 않고 계속 배우기로 했다. 그 후에는 머릿속에 든 것은 아무도 빼앗아가지 못한다던 어머니의 말대로 되었다.

일단 머릿속에 무엇인가 들어가면 하이디에게 성적은 중요한 문제가 아니었다. 하이디의 말에 따르면, 1학년을 마칠 때 모든 과목을 "아슬아슬하게" 통과했다.

천문학이 손짓하다

2학년이 된 하이디는 몇 가지 과목을 선택할 수 있었다. 수강

가능한 과목을 살펴보다가 두 과목이 눈에 들어왔다. 하나는 역사였고, 다른 하나는 관측 천문학 과정이었다. 천문학은 하이디가 가장 선호하는 실습 중심의 기술 과목이었다. 천문학에 대해 아는 바는 거의 없었지만 재미있을 것 같았다.

천문학 수업 첫 시간에 하이디는 수업을 듣는 네 학생 중 자신이 가장 어리다는 것을 알게 되었다. 두 명은 대학원생이었고, 나머지 한 명은 4학년이었다. 1학년 때 물리학에서 겨우 C를 받은 2학년 학생에게 그리 좋은 조짐은 아니었다. 그러나 담당 교수인 제임스 엘리엇은 하이디에게 이 과목이 잘 맞을 것이라고 장담했다.

MIT에는 학교 건물 외부에 작은 망원경을 갖춘 관측소가 있었다. 학생들은 이 망원경을 사용해 탐구 문제를 해결해야 하는 과제를 받았다. 하이디는 팔라스Pallas 소행성의 사진을 찍기로 결정했다. 소행성은 대부분 화성과 목성 사이에서 발견되는 암석 덩어리이다.

행성과 마찬가지로 소행성은 별들의 방향과 엇갈려 움직인다. 하이디는 여러 시간대에 촬영한 사진들을 이용해 팔라스의 태양 공전 궤도를 파악할 수 있는지 알고 싶었다.

팔라스의 궤도는 잘 알려져 있어서 자신의 계산을 공표된 궤도와 비교할 수 있었다. 창의적인 연구는 아니었지만 확실히 좋은 훈련이 되었다. 이 과정을 통해 하이디는 망원경을 조작하고 하

1977년 제임스 엘리엇 박사가 천왕성의 고리 사진을 조사하고 있다.

늘을 읽는 법을 배웠다.

하이디에게는 날씨의 도움이 필요했다. 그러나 뉴잉글랜드에서 그것도 여유 시간이 거의 없는 학생들에게 관측하기 좋은 맑은 날을 찾으라는 것은 무리한 요구였다. 하이디는 과중한 학업 부담에 아르바이트까지 하며 학비 일부를 버느라 힘든 시간을 보냈다. 얼마 가지 않아 하이디는 상황을 감당하기가 너무 버겁다는 사실을 깨달았다. 하이디는 한 과목을 포기할 수밖에 없었고 그렇다면 그것은 선택과목 중 하나여야 했다.

힘든 결정이었다. 하이디는 엘리엇 교수에게 사정을 말하기로 했다. 어느 늦은 오후 하이디는 머뭇거리며 교수 연구실 문을 두드렸다.

교수가 하이디에게 들어오라고 했다.

하이디는 상황을 털어놓았다.

"천문학과 역사 과목 중 하나를 포기해야 할 것 같아요. 두 과목 다 계속 듣기는 도저히 어려워요. 그런데 요즘 날씨가 좋지 않아 데이터를 수집하지 못했어요. 아무래도 천문학을 포기해야 할 것 같아요."

태양계에서 두 번째로 큰 소행성인 팔라스(위). 시카고 아들러 천문대의 돈Doane 관측소에서 몇 시간에 걸쳐 촬영한 사진이다. 무인 우주선 갈릴레오가 촬영한 소행성 아이다Ida의 색 보정 사진(삽입).

하이디가 주먹을 세게 쥐고 있는 바람에 관절이 하얗게 드러났다.

엘리엇 교수가 하이디를 보더니 창밖을 내다보았다.

"오늘은 날씨가 맑구나. 오늘 밤에 필요한 자료를 수집할 수 있는지 알아보자. 그러면 이 과목을 포기하지 않아도 되잖아."

차에서 하이디와 엘리엇 교수는 관측소에서 할 일을 미리 점검했다. 먼저 팔라스 소행성을 향해 망원경을 조준하고, 접안렌즈에 폴라로이드 카메라를 설치한 다음, 사진을 찍는다. 그리고 15분간 기다렸다가 다시 사진을 찍는다. 이 과정을 반복하고 각 사진에 날짜와 시간을 표시한다. 사진을 조사하는 데 너무 많은 시간을 허비하지 않는다. 일단 정보와 자료를 수집하고 분석은 나

하이디는 캠퍼스 밖의 월리스 천체물리관측소에서 팔라스 소행성을 촬영했다. 월리스 천체물리관측소는 이곳을 건설하는 데 참여한 MIT 1913년 졸업생 조지 알 월리스의 이름을 따서 명명되었다.

중에 한다.

“너무 재미있어요”

하이디는 관측소에서 돌아오자마자 엘리엇 교수에게 말했다. “이 과목은 절대 그만두지 않을래요. 너무 재미있어요.” 다행스럽게도 그날 밤은 날씨가 맑았고 좋은 자료를 많이 수집할 수 있었다. 사진들은 모두 동일한 별의 패턴을 보였는데, 한 천체만이 촬영할 때마다 위치가 조금씩 달랐다. 그것이 팔라스 소행성이었고, 하이디는 그 위치 변화를 측정해서 결과를 도표화하고 궤도를 계산할 수 있을 것 같았다.

어떻게 보면 이 과정은 어린 시절 테레사 크랭클과 원숭이 그네를 타고, 도표를 만들고, 그래프를 분석하며 보낸 여름날과 다를 바 없었지만 그 결과는 훨씬 더 흥미로웠다.

그날 밤, 분명히 행운도 작용했지만 하이디의 판단도 옳았다. 선택의 기로에서 하이디는 천문학을 한 번 더 선택했고 기대한 것 이상을 발견했다.

하이디는 소행성의 궤도를 파악한 동시에 우주에서 자신이 나아갈 진로인 MIT를 발견했다. 학기가 끝날 무렵 하이디는 천문학을 전공하기로 결정했고, 어머니 말씀을 따르기로 했다. 하이디는 별과 행성 그리고 은하계에 대한 책들을 읽었다. 다른 연구자들이 이미 알고 있는 것들을 공부해서 자신의 배움을 키워나갔다. 하이디는 대담하게 자신의 미래를 꿈꾸었다. 상상력은 사물을 보는 새로운 눈을 열어주었다. 그리고 상상력이 인도하는 새로운 전망을 가지고 세상으로 나아갔고 이전까지 아무도 하지 못한 일을 해냈다.

그때부터 하이디는 MIT에 소속감을 느끼기 시작했다. 그러나 교과 과정은 여전히 어려워서, 공부하고, 공부하고, 또 공부하는 엄청난 과정을 반복했다. 그래도 이제 고향인 클라크스 서밋 사람들이 무엇을 전공할 것이냐고 물으면 당당히 대답할 수 있게 되었다.

갑작스러운 행보

MIT에서 힘든 수업을 받느라 인생 최악의 시기를 보내고 있었지만 그 와중에 하이디에게 사랑이 찾아왔다. 하이디는 신입생 때 만난 올린 하버리라는 청년과 진지하게 만나기 시작했다. 올린과 하이디는 록밴드 그레이트풀 데드Grateful Dead에 심취해 있었다.

그레이트풀 데드는 다소 독특한 밴드로 팬이 많았다. 음반을 구입할 수도 있겠지만 진정한 팬이라면 실황공연을 체험해야 했다.

진정한 그레이트풀 데드의 팬이라면 적어도 한 번쯤은 모든 것을 제쳐두고 그들의 투어 공연을 따라다녀봤을 것이다. 하이디와 올린 또한 수업이 없는 방학이면 공연을 보러 갔다. 그레이트풀 데드의 팬이라는 공통점 때문이기도 했지만 올린은 하이디의 말에 따르면 “참 좋은 사람”이었다. 그런데 나중에 그것이 문제라는 것을 알게 되었다.

2학년 겨울방학이 되어 집으로 돌아갔을 때 하이디는 공부와 씨름하는 생활에서 잠시 벗어날 수 있어 기뻤다. 늘 그랬듯이 하이디의 가족은 크리스마스를 맞아 아버지를 집에 초대했고, 아버지는 이번에도 폭음을 했다. 아버지는 자신이 알코올 중독이라는 것을 여전히 인정하지 않아서 치료를 받는 대신 이 병원 저 병원을 전전하며 우울증 치료 처방만 잔뜩 받았다. 약과 술을 동시에

1984년 캘리포니아 버클리 그리스 노천극장에서 그레이트풀 데드가 수천 명의 팬 앞에서 공연하고 있다.

복용하는 것은 치명적이었다. 결국 아버지는 하이디의 집에서 저녁을 먹은 뒤 그대로 의자에서 취해 곯아떨어졌다.

이튿날 아침 하이디가 일어날 때까지도 아버지는 의자에 잠들어 있었다. 크리스마스 아침까지 취해서 자고 있는 아버지를 본 하이디는 인내심이 바닥나는 걸 느꼈고 더는 못 참겠다고 생각했다. 하이디는 그 길로 방을 뛰쳐나와 짐을 꾸려 차를 몰아 MIT로 돌아왔다.

학교에 있는 모든 시설이 문을 닫아, 남아 있는 학생이라고는 비싼 여비를 감당하지 못해 집에 못 간 유학생들뿐이었다. 그것이 하이디에게는 오히려 다행이었다. 자기 사정을 누구에게도, 특히 기숙사에서 그녀의 옆방에 사는 올린에게도 구구절절 설명할 필요가 없었기 때문이다.

하이디는 왜 그런지 모르겠지만 자신의 삶에, 어쩌면 자기 자신에게 문제가 있다고 느꼈다. 하이디는 자기 문제로 올린처럼 좋은 남자를 힘들게 하고 싶지 않았다. 다른 구역의 기숙사 방이 하나 비자 하이디는 올린이 학교로 돌아오기 전에 방을 옮겼다. 이렇게 하이디는 올린에게는 한 마디 설명도 하지 않고 관계를 끝내버렸다.

음악은 또 다시 하이디의 유일한 탈출구가 되었고 기타는 새로운 친구들과 이어주는 연결고리가 되었다. 그들은 기숙사에 함께 모여 블루그래스를 연주했다. 블루그래스는 현악기로 연주하는 일종의 컨트리 음악이다. 친구들은 평소에 활발하던 하이디에게 뭔가 문제가 있다는 사실을 어렵지 않게 알 수 있었다. 그중 한 친구인 제프 메노허는 하이디가 이제 자신의 껍질을 깨고 나올 때가 되었다고 생각했다.

제프는 하이디에게 묻지도 않고는 MIT 학생회관 커피숍에서 친구들에게 메즈에서 할 연주 계획을 알렸다. "도대체 무슨 소리야?" 이야기를 들은 하이디가 소리를 질렀다. 자연스럽게 고등학교 시절 당했던 난감한 상황이 떠올랐다. "난 그런 거 하고 싶지 않아. 사람들 앞에서 연주 못 해." 제프가 종이 한 장을 들이밀며 말했다. "너한테는 선택권이 없어. 여길 봐. 벌써 스케줄이 정해졌다니까. 무조건 해야 해." 하이디는 마지못해 동의했다.

이들 그룹의 연주는 큰 호응을 얻었고 메즈에서의 그날 밤을 시작으로 하이디는 파트타임으로 블루그래스를 연주하게 되었다. 무엇보다도 당시 힘들었던 하이디에게는 이것이 다시 삶을 추스르는 계기가 되었다. 하이디는 미래의 천문학자이자 뮤지션이었다. 그리고 스스로 파국으로 치닫는 한 남자의 딸이기도 했다. 몇 해가 흘러 이 모든 상황이 MIT에서 수천 마일 떨어진, 지구상에서 가장 아름다운 장소로 하이디를 데려가게 한다.

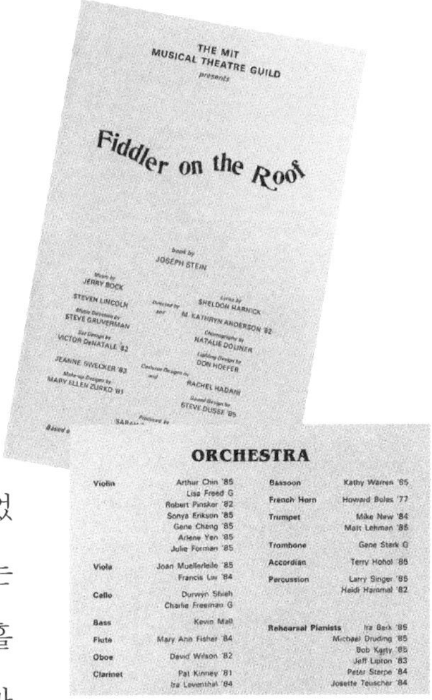

THE MIT
MUSICAL THEATRE GUILD
presents

Fiddler on the Roof

book by
JOSEPH STEIN

Music by
JERRY BOCK

Lyrics by
SHELDON HARNICK

Directed by
STEVEN LINCOLN
and
M. KATHRYN ANDERSON '82

Music Direction by
STEVE GRUVERMAN

Choreography by
NATALIE DOLINER

Set Design by
VICTOR DeNATALE '82

Lighting Design by
DON HOEFER

Costume Designs by
JEANNE SWECKER '83
and
RACHEL HADANI

Make-up Designs by
MARY ELLEN ZURKO '81

Sound Design by
STEVE DUSSE '85

Produced by
SARA...

Based o...

ORCHESTRA

Violin	Arthur Chin '85	Bassoon	Kathy Warren '85
	Lisa Freed G	French Horn	Howard Boles '77
	Robert Pinsker '82	Trumpet	Mike New '84
	Sonya Erikson '85		Matt Lehman '85
	Gene Chang '85		
	Arlene Yen '85		
	Julie Forman '85	Trombone	Gene Stark G
Viola	Joan Muellerleile '85	Accordian	Terry Hohol '85
	Francis Liu '84	Percussion	Larry Singer '85
			Heidi Hammel '82
Cello	Durwyn Shieh		
	Charlie Freeman G		
Bass	Kevin Mall	Rehearsal Pianists	Ira Bark '85
Flute	Mary Ann Fisher '84		Michael Druding '85
			Bob Karty '85
Oboe	David Wilson '82		Jeff Lipton '83
Clarinet	Pat Kinney '81		Peter Sterpe '84
	Ira Leventhal '84		Josette Teuscher '84

하이디는 MIT 뮤지컬 시어터 길드가 제작하는 〈지붕 위의 바이올린〉을 위해 악기를 연주했다. 학생들로만 운영되는 이 길드는 MIT에서 가장 오래되고 규모가 큰 극단이다.

하이디는 자신이 수와 수학 이외에도

Research Assistant

MIT undergraduate student Heidi Hammel has been appointed as a summer research assistant at Lowell Observatory. Hammel (left), is assisting Nathaniel White, Ph.D., astronomy, a senior staff scientist, with lunar occultation observations and data reductions.

(Observatory Photo)

MIT Student Undergraduate Assisting at Observatory

What do the Massachusetts Institute of Technology and Lowell Observatory have in common? Her name is Heidi Hammel, an undergraduate student majoring in planetary science and ...ronomy at MIT, Cambridge, Mass. ... the Lowell Observatory. "The summer appointment will allow me to gain additional hands-on astronomical research in a new and different place while learning about lunar occultations. As an added advantage, I am making contact...

다른 재능이 있다는 것을 발견했다.

아리조나 로웰 천문대에서 여름 인턴십을 하는 동안 하이디는 소중한 사회 경험을 쌓았다(너새니얼 화이트 박사와 함께).

6장

천문학자 되기

MIT에서 지구행성과학 학사 학위를 받으려면 정말 많은 물리학 과목을 이수해야 하는데 하이디에게 물리학은 여전히 넘기 힘든 산이었다. 가까스로 통과하긴 했지만 대부분 점수는 낮았다. 하이디는 자기가 밟아야 하는 과정의 강도가 싫은 만큼 천문학 연구가 좋았다. MIT에서 공부하는 마지막 3년 동안 하이디는 엘리엇 박사의 학생 조교가 되어 다양한 프로젝트에서 그를 도왔다.

하이디는 자신이 수와 수학 이외에도 다른 재능이 있다는 것을 발견했다. 과학은 측정 결과인 자료를 토대로 하며, 하이디는 그러한 자료가 자신이 관찰하는 현상에 대해 알려주는 내용을 이해하는 데 능력이 탁월했다. 관찰 결과가 원하는 만큼 분명하지도 구체적이지도 않은 경우, 장비를 개선하는 방법까지 생각해냈다.

예를 들면, 16인치 망원경은 튜브가 너무 짧다는 것을 발견했다. 이 때문에 빛이 망원경으로 들어오는 각도가 적절하지 않았다. 하이디는 미광을 차단하기 좋게, 길지만 그 길이가 망원경과 불균형을 이루지 않도록 연장 튜브를 설계했다. 이 '빛 조절장치'를 설계하는 과정에서 하이디는 수없이 측정하고, 계산하고, 금속과 나사로 뭔가를 정교하게 만들어 그것을 현미경에 부착하는 방법을 배웠다. 하이디가 만든 도구는 지금도 MIT에서 사용하고 있다.

또한 하이디는 24인치 망원경에서 '검은 광도계'라는 밝기 측정기기의 재설계를 감독했다. 이 기기는 별이나 행성 등의 천체 광원이 발산하는 빛을 측정한다. 그러나 이 광도계는 한 파장에서만 빛을 측정하도록 설계되어 있었다. 하이디는 필터를 삽입해 여러 색의 빛이 들어오도록 재설계했다. 덕분에 다양한 파장의 빛을 탐지해 한층 유용한 기기가 되었다.

하이디는 엘리엇 교수의 연구, 특히 항성 엄폐를 이용한 연구에 매료되었다. 엄폐는 행성이나 소행성 등 비교적 인접한 천체들이 지구와 별 사이를 통과하며 별의 빛을 차단하거나 흐리게 만들 때 발생하는 현상이다. 천문학자들은 태양의 일식 현상을 볼 수 있는 시간과 장소를 예측할 수 있다. 시간과 장소만 잘 맞춘다

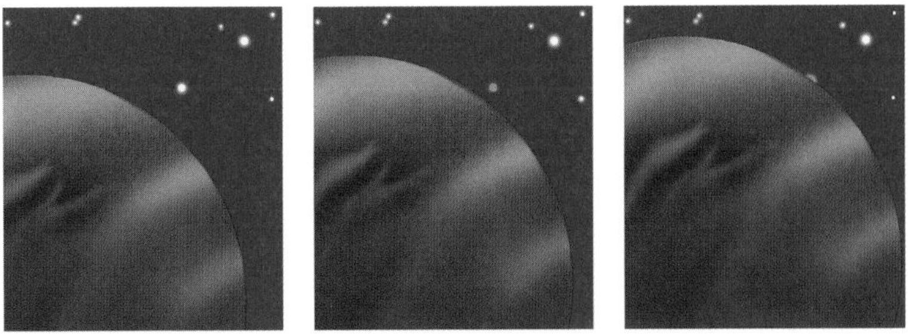

엄폐 현상 : 한 행성이 지구와 별 사이를 지날 때(왼쪽) 그 행성의 대기로 인해 별이 희미해 보인다(중앙). 엄폐가 일어나면 별의 모습이 행성에 막혀 보이지 않는다(오른쪽).

면 별빛에 의해 드리워진 그림자를 측정할 수 있다. 천문학자들은 별빛의 변화 방식을 통해 종종 그 앞을 지나가는 천체에 관한 정보를 발견한다.

엘리엇 박사의 가장 유명한 발견들은 이 기법을 이용해서 나온 것이다. 1977년 엘리엇 박사와 동료들은 망원경을 장착한 특수한 비행기를 타고 천왕성이 하늘을 가로지를 때 그 희미한 그림자를 따라갔다. 예상보다 빨리 별빛이 희미해지기 시작했고, 다시 밝아졌다 희미해지기를 수차례 반복하더니 마침내 천왕성에 완전히 가려졌다.

별은 완전히 가려졌다가 다시 반짝거리기 시작했다. 그들이 본 것은 천왕성 고리의 윤곽으로 그때까지 한 번도 관측된 적이 없었다. 토성을 제외한 행성에 고리가 있다는 사실을 입증하는 최초의 증거였다. (지금은 네 개의 대행성, 즉 목성, 토성, 천왕성, 해왕성에 모두 고리가 있다는 사실이 밝혀졌다.)

빛의 파동

빛은 전자기적 에너지 파波의 형태로 공간을 이동한다. 바다의 파도처럼 전자기적 파동에는 마루peak와 골valley이 있으며 서로 가까울 수도 멀 수도 있다. 마루와 마루 사이의 간격을 파장이라고 한다. 과학자들은 파동의 길이를 비교해 서로 다른 종류의 전자기 복사를 구분한다. 전파radio wave가 파장이 가장 길고, 마이크로파 그리고 적외선이 그 뒤를 따른다.

그 다음으로 우리가 보는 빛인 가시광선이다. 파장이 서로 다른 가시광선이 무지개의 색을 구성하는데 이것을 가시 스펙트럼visible spectrum이라고 한다. 눈에 보이는 색들 중에서 빨간색이 파장이 가장 길다. 그리고 주황색, 노란색, 녹색, 파란색, 보라색(그리고 그 사이의 모든 색)으로 가면서 파장이 더 짧아진다.

파장이 더 짧아지면 자외선, X선 및 감마선 등을 이루며 이러한 빛은 눈에 보이지 않는다. 그러나 천문학자들은 이러한 파장을 우주 연구에 이용한다.

망원경의 작동 원리를 보면, 가시광이든 비가시광이든 희미한 빛을 모으고 초점을 맞춰 '보이도록' 만든다. 망원경의 거울은 행성이나 다른 원거리의 물체로부터 오는 빛을 모은다. 거울은 빛을 한 지점으로 집중시키고 천문학자들은 이 지점에 특정한 색의 빛만 통과시키는 필터 등 여러 장치를 설치한다. 과학자들은 행성과 같은 천체가 어떤 파장의 빛은 흡수하고 어떤 빛은 반사하는지 조사해서 그 천체의 대기를 구성하는 원소와 혼합물을 파악할 수 있다.

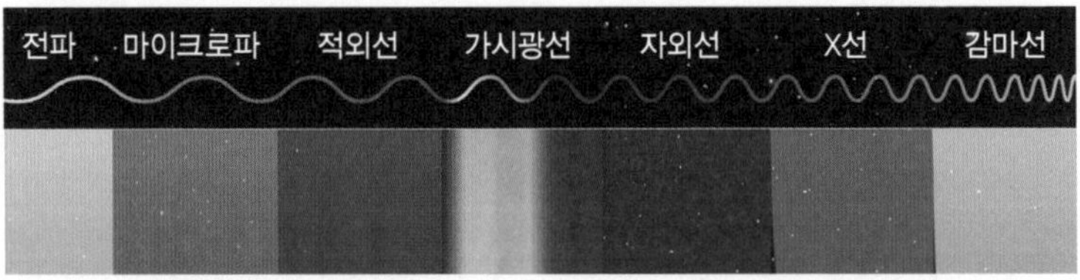

수백 년 전, 갈릴레오 갈릴레이와 니콜라우스 코페르니쿠스 같은 천문학자들은 전자기 스펙트럼 중에서 가시광선 부분만 연구에 이용할 수 있었다. 지금은 선택의 범위가 훨씬 넓다. 하이디는 주로 적외선 부분을 이용한다. 일부 천문학자들은 태양 흑점이나 플레어flare와 같이 강한 전파를 방출하는 천체들을 연구한다. 자외선은 성간 가스의 화학 구성이나 밀도 및 온도를 파악할 때 사용된다. X선과 감마선 같은 고에너지 파동은 별의 폭발, 은하의 충돌 그리고 블랙홀 등 많은 에너지가 관여하는 우주 현상들에 관해 유용한 정보를 제공한다.

카이퍼 에어본 천문대가 적외선 망원경 해치를 열었다(왼쪽). 지구 대기에서 과학자들은 지상에서 얻지 못하는 중요한 천문학적 자료를 수집할 수 있다(오른쪽).

위색(僞色) 사진은 1977년 예기치 않게 발견된 천왕성의 놀라운 고리 구조와 같은 행성의 특성을 밝히는 데 유용하게 사용된다(오른쪽 아래).

엘리엇 교수의 조교로서 하이디가 하는 대부분의 연구는 대행성들의 엄폐와 관련이 있는데 그 과정에서 종종 이 행성들의 온도, 압력, 대기 구성 등에 관한 정보를 얻는다. 여름 방학 기간에 몇 차례 인턴으로 일하면서 MIT를 졸업할 1982년 무렵, 하이디는 전문 관측자가 되는 길로 들어섰다. 전문 천문학자가 되기 위해 다음 단계로 올라설 준비를 마친 것이다. 하이디는 대학원에 진학하기로 했다.

안녕 해왕성!

대학원에 들어가려면 대학원입학자격시험GRE을 준비해야 했다. 예상했던 일이지만 하이디의 물리학 GRE 점수는 낮았다. 그래도 MIT 졸업생이라는 점과 엘리엇 교수의 강력한 추천 덕분에 하와이 대학교 천문연구소는 하이디의 대학원 입학을 허가했다.

이 연구소의 천문학 프로그램은 매우 명성이 높다. 이곳에는 세계 최고로 인정받는 두 천문대, 마우나케아Mauna Kea 천문대와 미스솔라Mees Solar 천문대가 있다. 그러나 하이디가 이곳에 지원한 데는 다른 이유도 있었다. MIT에서 4년을 보낸 하이디는 되도록 멀리 떠나서 다시는 돌아오고 싶지 않았다. 미국을 벗어나지 않고 가장 멀리 갈 수 있는 곳이 하와이였다.

그러나 일단 하와이에 도착하자 MIT에서 8000킬로미터 이상 멀어졌다는 해방감은 순식간에 사라졌다. 하이디는 가장 가까운 사람들을 떠나 아주 작은 주에 홀로 떨어졌다는 사실을 실감했다. 천문학은 중요하고도 흥미로운 주제이지만 가족과 음악 그리고 함께 나눌 사람이 없는 하이디의 삶은 완전하지 않았다. 때로는 해왕성을 관측하는 게 아니라 해왕성으로 여행이라도 온 듯한 고립감을 느꼈다.

다행스럽게도 연구소 동료 중 데이나 백맨Dana Backman이라는 젊은 남자가 그녀의 기분을 알아차렸다. 하이디가 루터파 신도에 노래를 잘한다는 사실을 알게 된 백맨은 좋은 방안을 제시했다.

"내가 속한 교회 합창단에 당신 얘기를 할까 해요. 지금 합창단원을 찾고 있거든요."

백맨의 이야기를 들으며 하이디는 대학 시절 친구 제프 메노허가 자신을 어떻게 MIT 메즈의 연주단원이 되게 해 주었는지 떠올릴 수밖에 없었다.

"안녕하세요, 칼? 저희 연구소 신입 한 명이 노래를 잘해요. 교회 합창단에서 노래하면 좋을 것 같아요. 목요일 밤에 가라고 할게요."

하와이 대학교 학생들이 오아후 마노아 캠퍼스의 가로수가 늘어선 맥카시 몰을 산책하고 있다.

그렇게 느닷없이 하이디는 호놀룰루 루터파 교회 합창단에서 노래를 하게 되었다. 하이디는 합창단 지휘자인 칼 크로시어와 아내 캐서린을 만났다. 고등학교 시절 합창단 지휘자였던 샤우트 선생님처럼 두 사람은 모두에게 완벽함을 요구했다.

오래지 않아 하이디는 교회와 음악에 완전히 빠져들었다. 하이디는 기타도 칠 줄 알았기 때문에 현대식 예배를 이끌어갈 인물로 손색이 없었다. 매주 일요일, 하이디는 7시에 도착해 아침 예배를 준비했다. 그 후에는 정식 주일 예배를 위해 합창단에서 노

호놀룰루 루터파 교회 합창단을 그만두던 날 지휘자인 칼 크로시어와 노르웨이 출신의 소프라노 지젤 소달과 함께.

래를 불렀다. 거의 오후 1시나 돼서야 교회를 떠날 수 있었다.

하이디는 더 이상 소외감을 느끼지 않았다. 교회는 하이디에게 소속감을 주었고 교회에서 기도하는 사람들과 음악 소리는 펜실베이니아에서 어머니와 함께 예배를 드리던 어린 시절을 떠올리게 했다.

하와이에 오고 나서 일 년쯤 지난 1983년 7월 18일, 하이디는 그녀의 삶에서 교회와의 인연을 이처럼 소중하게 느낀 적이 없었다. 하이디의 아버지는 다행히 술을 끊고 몇 년간 금주 중이었다. 그런데 옛 친구 몇 명이 독립기념일을 축하하려고 그를 불러냈다. 알코올 중독자는 한 잔만으로도 다시 중독에 빠질 수 있다. 그때부터 아버지는 다시 술을 마시기 시작했다. 2주 후, 아버지는 처방 약물의 과다 복용과 알코올로 세상을 등지고 말았다.

아버지에 대한 하이디의 감정이야 어떻든 아버지는 아버지였다. 아버지도 하이디를 사랑했고 딸의 성공을 바랐다. 그리고 술을 끊으려고 많이 노력한 듯 보였다. 이제 전문가로서 이력을 쌓기 시작한 하이디는 아버지에게 자랑할 날을 기대했다. 그러나 그 기회는 영영 사라지고 말았다. 하이디는 집이 몹시 그리웠다.

가족들이 보고 싶었지만 1만 6000킬로미터나 되는 곳까지 왕복할 만한 비행기 요금을 감당할 여력이 없었다. 대신 하이디는 교회 가족들에게 의지했다.

교회는 하이디에게 가장 필요한 것, 공동체와 편안함, 그리고 상실감을 이겨낼 힘을 주었다. 또한 하이디가 의미 있는 일을 할 기회를 주었고 인생의 파고를 헤쳐갈 안정된 토대를 제공했다.

악몽 같은 '자격심사시험'

교회와 음악은 대학원 생활에 적응하면서 겪는 어려움을 견디는 데 큰 힘이 되었다. 하이디는 대학원이 학부와는 완전히 다르다는 사실을 금방 깨달았다. 하이디는 최고 학위인 박사 학위까지 도전할 생각이었다. 하이디는 2년간 천문학과 관련된 모든 분야의 고급 과정을 이수해야 했다. 그 후에는 지금까지 아무도 답변을 내놓지 못한 중요한 과학적 질문을 던지고 이를 탐구하는 연구 프로젝트 아이디어를 제시할 수 있어야 한다. 프로젝트 연구가 끝나면 최종적으로 자신의 연구 결과를 책 한 권 분량의 연구보고서, 즉 논문으로 작성해야 한다.

대학원 수업과 논문 연구만으로는 충분치 않다는 듯, 하이디는 대학원 2년 생활을 마치면 또 다른 장애물도 넘어야 한다. 천문학의 전 분야에 관한 필기시험과 구두시험을 통과해야 하는 것이다. 교수들로 구성된 심사위원회가 하이디에게 어떤 질문을 할지 알 수 없다. 이 과정을 자격심사시험이라 부른다.

하이디와 함께 시험에 응시한 다섯 학생들에게 자격심사시험은 가혹한 시련이었다. 다른 학생들은 모두 통과했지만 하이디는 다음에 다시 도전하라는 통지를 받았다. 두 번째이자 마지막 기회는 몇 달 후였고 그동안 하이디는 자신의 논문 연구를 시작할 수 있었다. 하지만 자격심사시험을 통과할 때까지는 정식 박사 과정 학생으로 인정받지 못했다.

하이디는 너무 속상한 나머지 집에 돌아와 밤새도록 울었다. 그래도 하이디는 MIT에서 혹독한 경험을 한 터라 실패를 극복하는 법을 알고 있었다. 다음날 하이디는 무엇이 잘못되었는지 상황을 분석해보았다. 물리학에서 고전했던 것과는 달리 하이디는 다른 과목에서는 통과하기에 충분한 지식을 갖추었다고 자신했다. 그런데 구두시험은 무언가 다르다는 것을 느꼈다. 교수진은 어떤 메시지를 주려고 가끔씩 구두시험에서 학생을 떨어뜨린다. 그렇다면 하이디에게는 어떤 메시지를 주려던 것일까?

하이디는 그것이 자신의 지식이나 능력이 아니라 태도 때문이라는 결론을 내렸다. 그녀는 하와이에 첫 발을 내디딘 순간부터 다소 비정상적인 방식으로 대학원 생활에 임했다. 일반적으로 신입 대학원생들은 어려운 대학원 수업 과정에 당황한다. 그러나

MIT에서의 거친 경험 때문인지 하이디는 주위 대학원생들에게 이런 식으로 말했다. “엄살 부리지 마. 이 정도는 약과야. 이게 뭐 힘들다고 난리야?”

천문학을 전공하는 다른 학생들 대부분은 무엇이든 함께했다. 함께 공부하고, 집을 같이 빌려 살았고, 서로 친분을 쌓았다. 그들에게 천문학은 인생의 전부였다. 하이디는 그렇지 않았다. 그녀는 한 가지만 생각하며 사는 삶에 만족하지 못했다. 그녀는 더 큰 공동체의 일원으로서 할 일이 있었고 무엇보다 음악이 필요했다.

그래서 대학원 공부를 열심히 하면서도 대부분 혼자서 했다. 그리고 전공이 다른 학생들과 함께 사는 쪽을 선호했다. 또한 같이 블루그래스 음악을 연주할 사람들을 찾아다녔다.

또 일 년에 한 번은 그레이트풀 데드 공연을 보려고 샌프란시스코로 날아가는 수고를 마다하지 않았다.

그중 어떤 것도 자격심사시험 심사와 관련해 문제될 게 없어 보였으나 그렇지 않았던 모양이다. 동급생들만큼 열심히 공부했지만 그들만큼 프로그램에 몰두하지 않는 것처럼 보였을지도 모른다. 하이디의 태도는 이렇게 비치지 않았을까? “너희는 그렇게 좁은 세계에서 한 가지에만 몰두하며 살지. 난 그러고 싶지 않아.”

그렇게 한 가지만 파고드는 삶은 사람들이 과학자들에 대해 생각하는 일반적인 이미지와 잘 어울렸지만 하이디에게는 맞지 않았다. 하이디에게는 천문학 말고도 다른 삶이 있었고 그런 자신

대학원 생활은 힘들었다. 하이디는 블루그래스를 연주하거나 좋아하는 밴드의 음악을 들으며 힘든 시간을 이겨냈다.

을 바꿀 생각이 없었다. 하지만 연구에 접근하는 방식은 바꾸기로 했다. 하이디는 다른 대학원생들과 교수들이 오기 전, 아침 7시 30분에 학교에 와서 대부분의 사람들이 집으로 돌아간 후인 오후 6시까지 남아 있었다.

하지만 오후 6시가 다였다. 자격심사시험에 떨어진 후에도 천문학 밖에서의 그녀의 삶은 변하지 않았다. 여전히 그녀는 음악하는 친구들과 어울렸고 와이키키 거리에서 연주했다. 다만 이제는 동급생들에게 그런 이야기를 늘어놓지 않았다.

교수들에게도 사생활에 대해 말하지 않기로 했다. 그러자 그들의 태도에서 긍정적인 변화가 느껴졌고 천왕성과 해왕성 대기 관측을 위한 연구 계획은 순조롭게 진행되었다.

신화 속 불사조

어느 날 음악 하는 친구 하나가 전화를 해서 엘리자베스 위치맨이라는 교수 이야기를 했다. 위치맨 박사는 중국 전통극인 경극京劇을 영어로 번역했는데 〈둥지로 돌아간 봉황〉 공연을 함께 할 현악 연주자를 찾고 있다고 했다.

하이디는 사양했다. "난 중국 음악에 대해 아는 게 없어."

"괜찮아. 중국에서 온 선생님들이 있어." 친구가 보챘다. "그들이 방법을 가르쳐줄 거야."

도전적인 모험이 될 것 같았다. "좋아. 뭐든 시도는 해봐야지."

테스트를 받으러 간 하이디는 위치맨 박사가 타악기 주자도 찾고 있다는 사실을 알고 반가웠다. 그제야 이 도전에 진짜 흥미가 생겼다. 애빙턴 하이츠 고등학교 밴드와 오케스트라에서 갈고 닦은 실력이 드디어 빛을 발할 시간이 왔다. 그때부터 몇 달간 하이디의 밤은 온통 경극 리허설로 채워졌다.

매일 아침 일찍부터 오후 6시까지 하이디는 천문학 연구에 매달렸다. 그리고 저녁을 먹고 나면 중국 음악 수업으로 달려갔다. 학교 사람들에게는 전혀 말하지 않았다. 그녀가 학교 일을 진지하게 여기지 않는다고 생각할까 봐 걱정되었기 때문이다.

대중 앞에서 공연해야 할 때가 되자 더 이상 공연 참여를 비밀로 할 수 없었다. 하이디는 논문 심사 교수 몇 분에게 사실을 털어놓았고, 교수들은 기꺼이 공연을 보러 왔다. 하이디가 무대에서 "진짜 기이한 소리를 낸다"고 했던 작은 종인 나우보와 샤오 뤄를 연주하는 모습을 본 사람들은 매우 놀랐다. 샤오 뤄를 제대로 치면 '됴잉, 됴잉, 됴잉' 하는 소리를 내지만 잘못 치면 '팍' 소리가 난다.

그러나 이 공연은 시작일 뿐이었다. 위치맨 박사가 공연을 촬영한 테이프를 중국에 보내자 중국에서 영어로 공연해 달라는 초대장이 날아왔다. 하이디는 가고 싶었으나 그러려면 해왕성과 천왕

나우보(심벌즈)와 샤오 뤄(종)는 행동과 감정을 강조할 때 사용하는 타악기다(옆).
경극 〈둥지로 돌아간 봉황〉에 참여한 배우, 음악가, 통역자(아래).

성을 관측하기 가장 좋은 시기에 한 달이나 학교를 떠나 있어야 했다.

논문 지도교수와 심사위원회 위원 한 명에게 초대 공연에 대해 이야기하자 두 사람은 주저 없이 허락했다. “놓치면 안 될 일생일대의 기회이니까 꼭 가서 공연해요.”

하이디가 중국에서 돌아왔을 때, 마치 불 속에서 죽었다가 살아나 재를 털고 날아오른 전설 속 봉황이 된 기분이었다. 천왕성과 해왕성은 여전히 관측하기 좋은 위치에 있었고, 하이디는 두 번째 자격심사시험을 통과하기 위해 온 힘을 기울였다. 이번에는 통과할 것이라는 확신이 들었다.

행성들은 하이디에게

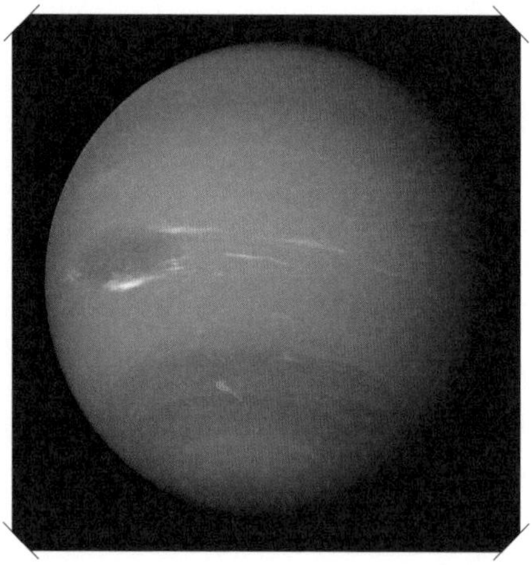

마치 탐험가가 된 기분을 느끼게 한다.

1989년 8월 2일에 보이저호가 촬영한 해왕성.

7장

이전과 달라진 해왕성

중국 여행은 하이디를 완전히 바꿔놓았다. 그곳에서는 뛰어난 재능을 가진 음악가들과 예술가들이 미국인들은 상상조차 하기 힘든 환경에서 생활하고 있었다. 좁은 집들이 마당 하나를 둘러싸고 있고 마당 한가운데 위치한 옥외 수도가 유일한 식수원이었다. 하이디는 지금의 학교에서 천문학을 공부하는 자신이 얼마나 행운아인지 새삼 깨달았다. 그리고 달라진 태도와 본의 아니게 유명인사가 된 덕분에 동료 대학원생들과 교수들의 눈에 비친 그녀의 모습도 바뀌었다. 이제 하이디의 두 번째 자격심사시험 통과를 가로막을 장애물은 아무것도 없었다. 하이디는 무사히 시험을 통과했다.

행성 과학을 선택하다

하이디가 처음 하와이에 왔을 때 그녀의 연구 경험은 주로 행성 천문학과 관련된 것이었다. 그러나 대학원 생활을 시작하고 2년이 지난 1984년, 하이디의 시야는 좀 더 넓어졌다. 이전까지 책으로만 공부했던 주제들에 관해 전문가들로부터 수업을 들으면서 태양이 궤도를 공전하는 천체, 별, 은하, 심지어 우주의 진화와 관련된 연구 프로젝트도 선택하게 되었다.

하이디는 어떤 주제를 선택하게 될까?

늘 그랬듯이 하이디는 전문가로 성장하는 데 도움이 되고 자신의 재능에 부합하는 도전적인 주제를 탐색했다. 그녀는 원대한 태양계에서 두 행성을 선택했다. 그때까지 하이디는 새로운 분야를 여럿 접해봤지만 결국 하이디의 선택은 행성 천문학으로 귀결되었다. 행성은 하이디에게 탐험가가 된 듯한 기분을 느끼게 한다. 천왕성과 해왕성에 대해서는 알려진 것이 거의 없고 하이디는 개척자가 될 것이다.

대학원에서 공부하는 3년 동안 하이디는 대행성인 천왕성과 해왕성을 줄곧 연구했다. 이 머나먼 세계의 영상을 얻기란 쉽지 않은 프로젝트였다. 천왕성은 지구에서 28억 킬로미터, 해왕성은 38억 킬로미터 떨어져 있다. 그러나 세계적인 관측자들이 이곳 천문연구소에 속해 있고 하이디의 연구에 도움을 줄 수 있다. 또

한 하와이 대학교는 하와이에서 가장 높은 산인 마우나케아 정상에 설치된 88인치 구경의 망원경을 보유하고 있다. 이 망원경은 쉽지 않은 이 프로젝트를 가능하게 할 장비다.

천문 영상 촬영은 일반적인 사진 촬영과는 다르다. 빛을 모으고 사진을 만들어내는 것 말고도, 자료를 해석하고 관측된 천체에 관한 결론을 이끌어내는 과정까지 포함한다. 하이디는 자신이

1984년, 하이디는 어머니와 함께 킬라우에아 화산에 올랐다(옆). 해왕성의 메탄 띠 영상(아래 왼쪽)은 마우나케아에 설치된 하와이 대학교의 88인치 망원경(아래 오른쪽)으로 관측한 것이다. 이 망원경은 하와이 대학교의 학생과 교수들이 주로 사용한다.

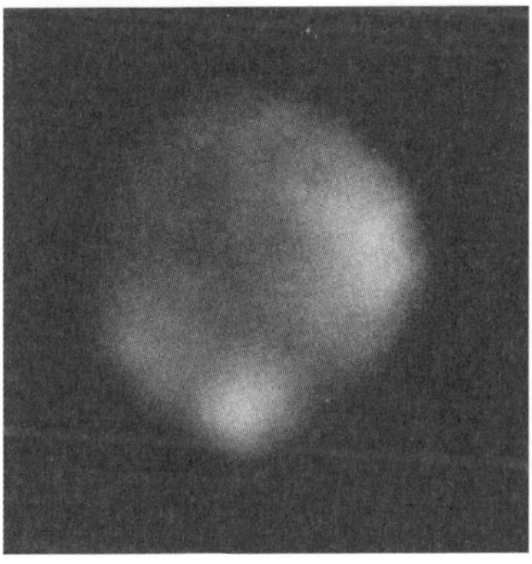

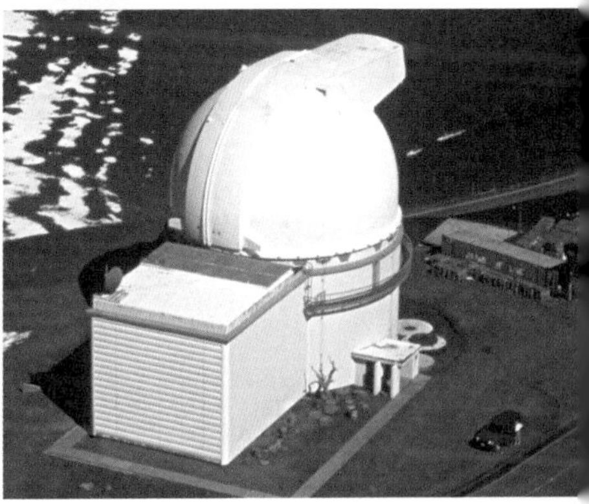

천체사진술이란?

천문학자들은 일반적인 가시광에서 사진을 촬영하는 대신 특정 파장이나 색을 분리하는 필터를 사용할 때가 많다. 파장들을 분리해서 관찰하면 물체의 구성을 파악할 수 있다. 하이디의 경우 천체 사진을 촬영할 때 빨간색 필터를 사용해 근적외선 파를 분리하는 경우가 많은데 육안으로 탐지할 수 있는 수준보다 파장이 더 길다.

그렇다면 하이디는 왜 두 대행성의 사진을 찍을 때 빨간색 필터를 사용할까? 천왕성과 해왕성 모두 대기에 메탄 성분이 있다. 메탄 분자는 적색광을 흡수한다. 덕분에 과학자들은 두 행성의 구름 위치, 고도 및 이동을 훨씬 쉽게 관측할 수 있다. 설명하자면 이렇다. 햇빛이 대기 속으로 깊이 침투하면 대기 속의 메탄 분자가 적색광을 상당 부분 흡수한다. 그런데 다른 파장의 빛은 모두 차단하는 빨간색 필터를 사용할 경우 대기를 더 깊이 들여다볼수록 더 검게 보일 것이다. 구름은 햇빛을 반사시키기 때문에 대기에서 높은 곳일수록 더 밝게 나타날 것이다. 메탄 분자가 적색광을 모두 흡수하지는 못하기 때문이다. 그러나 구름 아래로 내려갈수록 빨간색 필터를 통해 보면 더 어둡거나 아예 보이지 않게 된다. 아래의 천왕성 사진들을 보면 알 수 있다. 만약 우리가 천왕성으로 가는 우주선을 타고 있다면 이 대행성의 모습은 왼쪽 사진처럼 매우 단조롭게 보일 것이다. 그러나 빨간색 필터를 통해 보면(오른쪽) 띠 모양의 스펙트럼이 보이는데 가장 밝은 부분이 대기 중 높은 곳에 위치한 구름에 해당한다.

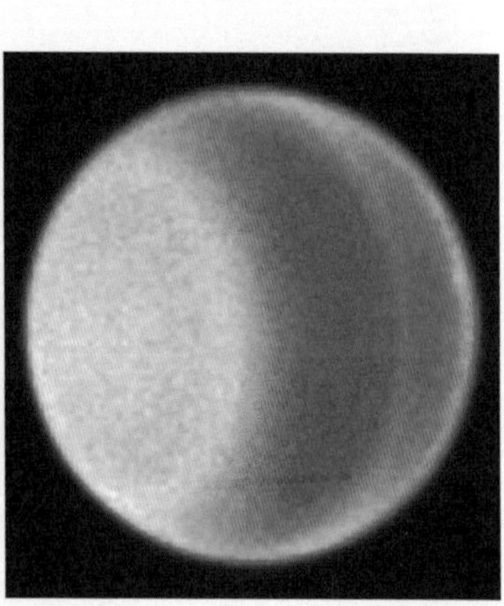

얻은 영상을 통해 이 머나먼 세계의 구름을 구성하는 요소는 무엇인지 또는 그것이 시간에 따라 어떻게 변화하는지 알아낼 수 있다.

하이디의 연구는 자료와 관련이 있기 때문에 전문가적 기술을 필요로 한다. 하이디는 유용한 영상을 얻으려면 무엇이 필요한지 본능으로 파악했고 영상을 해석하는 천부적인 재능을 타고났다. 하이디는 두 행성의 영상을 보고 구름의 움직임과 바람의 속도, 그리고 시간에 따른 구름의 변화를 이해할 수 있었다. 그 당시만 해도 천왕성과 해왕성에 대해 알려진 것이 거의 없었고 과학자들

보이저 우주선에는 금으로 도금한 12인치 구리 레코드판을 함께 싣는데 지구의 소리와 영상 그리고 55개 언어로 말한 인사말이 기록되어 있다. 저 우주에 존재하는 혹시 모를 누군가가 들을 경우에 대비해서다.

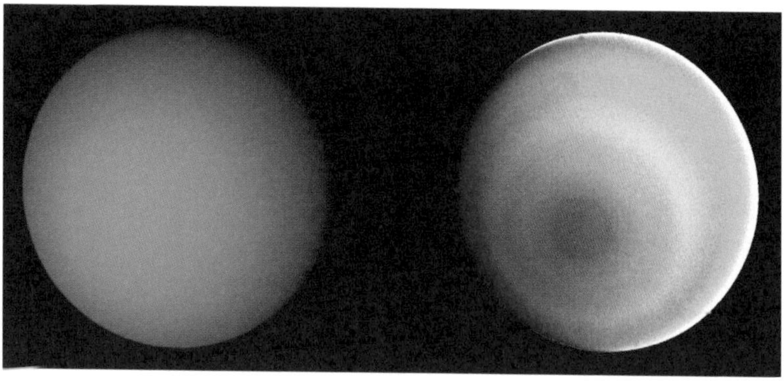

보이저 2호가 1986년 1월 17일에 촬영한 천왕성의 진색(眞色) 사진(왼쪽)을 통해 우주선에서 천왕성을 바라본다면 어떤 모습일지 알 수 있다. 위색(僞色) 사진(오른쪽)은 보정된 사진으로 천왕성의 띠 모양 구조를 보여준다.

은 사진을 통해 새롭고 예상치 못한 사실들을 알 수 있었다.

하이디의 연구는 또 한 번의 큰 기회를 맞이한다. 1977년에 대행성 연구를 위해 나사NASA가 발사한 무인 탐사선 보이저Voyager 2호가 1986년에 천왕성에 도착했다. 하이디를 비롯한 젊은 과학자들이 캘리포니아에 있는 나사의 제트추진연구소JPL로 초대받았고 그곳에서 보이저 2호의 근접 사진이 들어오는 장면을 목격했다.

보이저 2호가 전송한 사진을 통해 천왕성의 위성과 고리 그리고 자기장에 관한 놀라운 사실들이 드러났다. 이 행성을 연구하는 천문학자들은 보이저 2호의 활약으로 많은 새로운 데이터를 얻게 되었다.

하이디에게는 애석한 일이지만 천왕성의 대기(하이디의 관심 분야) 사진들은 기대했던 만큼 흥미롭지 않았다. 구름은 거의 없었고 하이디와 다른 과학자들은 천왕성의 대기가 온화하다고 생각했다. 보이저 2호는 앞으로 행성을 하나 더 탐사해야 한다. 이 우주탐사선이 천왕성을 지나갈 때 자세 제어 엔진thruster이 경로를 조정하여 해왕성을 조준했다. 어쩌면 해왕성의 대기는 훨씬 흥미로울지 모른다.

지구에서는 해왕성에 대해 자세한 정보를 얻기가 쉽지 않다. 하이디는 보이저 2호가 근접 촬영한 해왕성의 모습을 어서 보고 싶었지만 인내심을 가지고 기다릴 수밖에 없었다. 이 우주 탐사선이 해왕성에 도착하는 시기는 3년 후인 1989년으로 예상되었다. 틀림없이 놀라운 사실들을 발견할 것이다.

해왕성을 향해

하이디는 하와이로 돌아왔다. 보이저 2호 팀의 연구를 가까이에서 흥분된 마음으로 지켜보면서, 다음번에는 그저 관찰자로서 지켜보기만 하는 자리에 머물러 있지 않겠다고 결심했다. 보이저 2호가 해왕성을 지날 때는 그곳의 천체 촬영 팀과 함께 일하고 싶었다. 그러려면 하와이에서 남은 연구 기간 동안 해왕성에 집중해야 했다.

오래지 않아 하이디의 천체 촬영 결과는 작은 논란과 함께 엄청난 관심을 불러일으켰다. 1970년대 후반부터 다른 천문학자들은 해왕성의 대기 사진을 촬영해왔다. 1986년, 하이디는 같은 망원경과 같은 기법을 사용해 천왕성에서 성공했던 것처럼 해왕성의 새로운 대기 사진을 내놓았다.

놀랍게도 해왕성은 이전과는 다른 모습이었다. 하이디의 사진에서는 북반구와 남반구에 많은 구름 대신 단 하나의 밝은 구름이 나타났다. 이것은 나중에 '브라이트 컴패니언Bright Companion'이라는 이름이 붙는다. 하이디는 아직 명성을 쌓은 천문학자가 아니었기에 다른 과학자들은 이런저런 의문을 제기했다. 그들이 보인 반응은 "뭔가 실수가 있었겠지."였다.

그런 식으로 생각한 데는 나름대로 이유가 있었다. 토성과 목성의 경우 화려한 띠와 점들로 이루어진 대기 패턴을 가졌음에도 수십 년 동안 큰 변화가 없었다. 그리고 천왕성의 대기는 단조로워 흥미로운 구석이 없었다. 네 개의 대행성은 사촌이라 불릴 만큼 비슷한 면이 많았다. 그런데 왜 다른 세 행성의 구름 패턴은 안정적인데 해왕성의 대기만 변화무쌍할까?

하이디는 자신의 결과가 틀리지 않다고 주장했다. "사진을 촬영하는 데 제가 무슨 실수를 했다는 거죠?" 문제는 그렇게 단순하지 않았지만 결국 하이디는 해왕성의 대기 변화가 사실이라고 비평가들을 설득했다. 그해에 하이디가 해왕성을 둘러싸고 벌인

해왕성, 천왕성, 토성, 목성(왼쪽부터)이 궤도에서 떨어져 인상적인 몽타주를 이루고 있다.

대학원에서 진지하게 과학을 연구한다고 해서 모든 일에 진지할 필요는 없다.

논쟁은 이뿐만이 아니었다. 파리에서 열린 미국천문학회 산하 행성과학 분과 회의에서 하이디가 자신의 연구 결과를 발표하자 또 다른 논란이 불거졌다. 이번에는 해왕성의 자전 속도를 둘러싼 이견이었다.

자전하는 행성에서 움직이는 구름의 사진을 찍고 싶다면 언제 시야에 들어올지 예측할 수 있어야 한다. 그래서 보이저 2호의 영상팀에게도 구름의 정확한 자전 속도, 즉 어떤 구름이 다시 시야에 들어오기까지 걸리는 시간은 매우 중요하다.

그러나 그들이 연구하고자 하는 특정 구름의 자전 속도를 계산하자 그 속도가 일반적으로 인정되는 자전 속도보다 훨씬 빨랐다. 다행히 보이저 2호와 해왕성 준비하면서 하이디가 계산한 자전 속도가 사용되었다.

1988년, 프로젝트를 마치고 박사 학위를 취득한 하이디는 나사의 제트추진연구소로부터 전문연구원 자리를 제의받았다. 하이디는 희망대로 보이저 2호가 해왕성을 지나는 순간을 담당 연구팀의 일원으로 함께할 것이다. 보이저 팀이 이름 없는 젊은 연구자를 일원으로 받아들인 것은 이례적인 일이었다. 하이디는 정말 기뻤지만 놀라지는 않았다. 하이디는 스스로 해왕성 전문가가 되기로 마음먹었고, 바라던 대로 해왕성 전문가가 되었다. 그리고 아직 만 스물아홉 살밖에 되지 않았다.

하이디의 연구는

대기과학자들에게

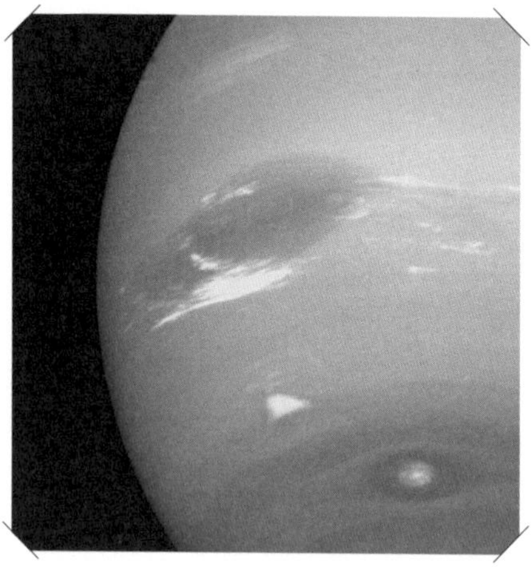

해왕성의 날씨를 더 많이 이해할 수 있는

단서들을 제공했다.

보이저 1호와 2호의 투명한 초록 필터로 찍은 해왕성 사진이다.

8장

해왕성의 대암점

보이저 2호가 1989년 8월 해왕성에 접근하면서 찍은 사진들은 해왕성에 대한 기존의 보편적인 관념과 너무 달라 사람들에게 큰 놀라움을 선사했다. 38억 킬로미터나 떨어진 해왕성은 그전까지는 지구상에서 망원경으로만 관찰할 수 있었다. 이는 역동적으로 움직이는 구름의 부분적인 모습에 대해 암시 정도만 얻을 수 있는 수준이었다. 비유하자면 20킬로미터 밖에 있는 10센트짜리 동전을 살펴보려는 것과 비슷한 셈이었다.

보이저 2호가 해왕성과 약 5000킬로미터 거리로 좁혀졌을 때 보인 광경은 기존 관념과는 극적으로 달랐다. 이제는 그 10센트짜리 동전을 손바닥에 놓고 볼 수 있는 것과 비슷하게 되었기 때문이다. 해왕성 남반구에 위치한 거대한 허리케인과 같은 폭풍은

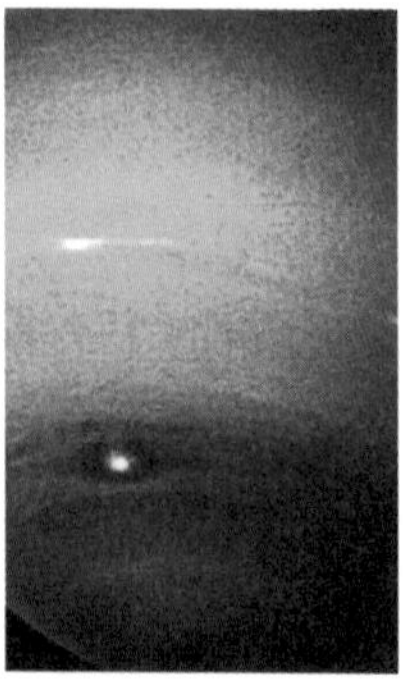

'대암점'의 남쪽에 해당하는 부분이 '스쿠터'인데, 암점 2가 밑에서 스멀스멀 올라오는 중이다. 구름 위쪽에 위치한 해왕성의 안개는 위색으로 찍혔다.

곧 '대암점Great Dark Spot'으로 불렸는데, 이는 하이디가 지은 이름이다. 이렇게 큰 폭풍이 만약 지구에 있었다면 온 지구를 덮을 만큼 큰 규모일 것이다. 보이저 2호는 대암점 근처에서 시속 약 2500킬로미터의 바람을 측정했는데 이는 어떤 행성에서 관측된 바람보다 강력했다. 해왕성은 '스쿠터Scooter'라고 불리는 작고 하얀, 그리고 빠르게 움직이는 구름에 둘러싸여 있었다. 정확하게 말하자면 해왕성은 빠르게 변화하는 구름과 폭풍에 스며들어 있었다. 이런 현상을 보며 하이디와 다른 천문학자들은 도무지 믿을 수가 없었다.

해왕성의 파란 빛

하이디는 캘리포니아 주에 위치한 제트추진연구소의 동료들과 함께 보이저 2호의 근접비행을 연구하기를 바랐다. 천왕성에 접근할 때 그랬듯이, 해왕성에서 얻은 자료들을 이용해 동료들과 함께 해왕성을 관찰하고 싶었던 것이다. 그러나 그녀에게는 하와이에서 해야 할 더 중요한 일이 있었다. 보이저 2호가 가시광선을 이용해 해왕성 사진을 전송할 때, 하이디는 빨갛게 필터링된 사

약 16만 킬로미터 범위에서 보이저 2호가 찍은 사진을 보면 밝은 선형 구름이 보인다. 몇몇 구름이 밑에 있는 구름을 가려 그림자를 만든다.

진을 얻기 위해 하와이 대학교의 88인치 망원경을 사용했다.

하이디가 빨갛게 필터링된 사진을 통해 본 구름과 보이저 2호로 관찰된 구름은 완전히 형태가 달랐다. 하이디의 사진에는 대암점이 나타나지 않았지만, 대암점 근처에서 굉장히 밝은 구름이 관찰되었다. 보이저 2호의 이미지에서 대암점이 해왕성을 한 바퀴 돌 때마다, 빨갛게 필터링된 이미지 안에 나타난 하이디의 구름은 대암점을 따라다녔다. 하이디의 구름과 대암점은 관련이 있

이동 로봇 리포터

보이저와 같은 무인 탐사선은 우주에 보내져 우리의 태양계를 관찰하고, 지구로 관측 자료를 전송하도록 설계되어 있다. 이런 정밀한 로봇은 우주에 몇 년 동안 머물며 계획된 노선에 따라 움직인다. 보이저 1호와 보이저 2호가 함께한 쌍둥이 보이저 미션은 1977년에 시작되었으며 지금까지도 태양계의 가장 먼 곳을 향해 여행하고 있다.

탐사선이 목표물에 도달하는 이른바 '근접비행'이 이루어질 때, 탐사선 안에 있던 장비들은 데이터를 획득하고 지구에 전송하려고 가동한다. 보이저 탐사선에는 카메라 두 대를 포함해 총 11개의 장비가 탑재되어 있다.

과거 우리는 보이저를 통해 네 개의 거대 행성인 목성, 토성, 천왕성, 해왕성에 관한 정보를 얻을 수 있었다. 이에 만족하지 않고 보이저의 여행은 계속된다. 보이저의 성간 미션은 1990년에 시작되었지만 태양권의 경계를 찾는 것이 목표다. 태양권의 경계란 태양의 영향력이 더 이상 미치지 않고, 성간의 공간이 시작되는 지점을 말한다. NASA는 2008년 이전 어느 날 보이저가 터미네이션 쇼크termination shock로 지칭되는 경계를 넘었다고 추측했다. 터미네이션 쇼크는 태양풍이 시속 약 160만 킬로미터에서 약 40만 킬로미터로 줄어드는 부분이다. 우리의 무인 탐사선이 태양권의 경계에 도달하기까지는 10년에서 20년 정도가 더 걸릴 것으로 예상된다.

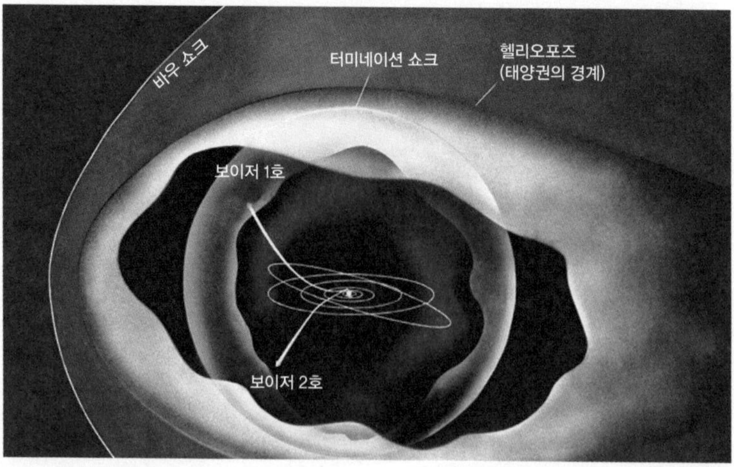

보이저 2호는 천왕성과 해왕성을 거친 유일한 우주선이다. 2003년 11월 5일, 보이저 1호는 시속 6만 1000킬로미터 속도로 태양으로부터 90천문단위 떨어진 곳까지 다가갔다(태양과 지구와의 거리는 1천문단위에 해당하며, 90천문단위는 대략 135억 킬로미터이다).

었던 것이다! 하이디는 자기의 사진을 통해 해왕성에 대해 무엇을 알 수 있는지 정확하게 짚었고, 그것의 중요성도 간파했다. 대암점은 과학적 이야기의 유일한 부분이었다. 하이디는 브라이트 컴패니언Bright Companion을 다시 한 번 보고 있었다. 즉, 그녀와 동료들이 관찰한 수많은 밝은 부분은 비록 대암점을 직접 관찰하지 못했어도 대암점의 브라이트 컴패니언이었던 것이다.

대암점은 지구의 산과 같이 작동한다. 산은 공기가 산을 둘러싸고 흐르게 하여 공기의 온도와 압력을 바꾸는 역할을 한다. 이런 식으로 산 가까이에는 구름이 형성된다, 대암점은 해왕성의 온도와 압력을 바꾸면서 브라이트 컴패니언을 생성하고 있었던 것이다. 하이디의 발견은 과학자들에게 해왕성의 날씨를 이해할

해왕성이 두 번 돌 때 18시간의 간격차를 두고 찍은 대암점 사진들은 행성의 구름이 얼마나 빨리 변할 수 있는지 보여준다(왼쪽). 제트추진연구소 과학자들이 1989년도에 얻은 보이저 2호의 해왕성 근접비행 데이터를 연구하고 있다(오른쪽).

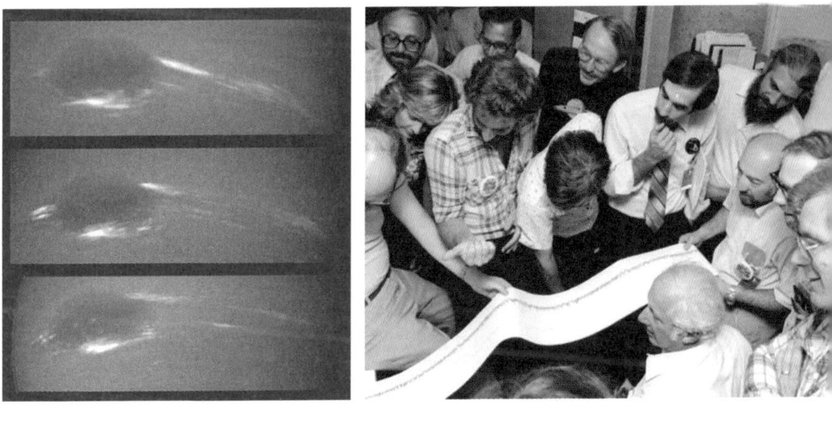

수 있는 단서를 제공했다. 우리가 먼 행성의 대기에 대해 물리적, 화학적 성질뿐 아니라 어떻게 작동하는지에 대해 알수록 대기에 대한 우리의 이해도가 높아지므로 이러한 단서는 중요했다.

이러한 성과를 두고 하이디와 동료들은 기뻤지만, 제트추진연구소Jet Propulsion Laboratory에 있지 못했다는 하이디의 실망감을 보상하지는 못했다. 보이저 2호가 해왕성에 다가가면서 알아낸 해왕성의 대암점과 기타 특성에 대한 정보는 근접비행에 대한 대중의 관심을 끌어내기에 충분했다. 캘리포니아에 관련 데이터가 도착하면서, 텔레비전 뉴스나 다큐멘터리 제작자가 몰려들었고, 일반 대중은 지구에서 약 30억 킬로미터 떨어진 곳에서 일어난 발견 앞에 흥분했다.

애석하게도, 아마 하이디만이 메탄 밴드 이미지화를 해본 유일한 사람이기 때문에 그녀는 어느 다큐멘터리에도 나오지 못했다. 그녀는 미디어의 주목을 한 몸에 받고 싶었지만 세상과 수천 킬로미터 떨어진 산꼭대기에 격리된 처지였던지라 어쩔 도리가 없었다.

보이저 2호의 해왕성 근접비행이 끝나자, 사람들은 그 파란 행성에 대해 전과는 완전히 다른 이미지를 가지게 되었다. 과학자들은 그 행성에 대해 새로운 질문을 던졌다. 구름 모양은 언제까지 지속될까? 무엇이 그것을 만드는 걸까? 왜 명왕성에는 구름이 별로 없는 반면 해왕성에는 구름이 많을까?

운 좋게도 그들은 답을 찾기 위해 다른 탐사선의 근접비행을 기다리지 않아도 되었다. 허블 우주 망원경이 완성되었기 때문이다. 지구를 도는 이 기구는 큰 거울에 빛을 모아 이미지를 형성하는데, 과학자들에게 라디오 신호의 형태로 전달한다. 이것은 지구에서 가장 성능이 좋은 망원경보다도 화질이 10배 더 뛰어난 것이었다. 하이디를 포함한 과학자들은 천체 카메라로 해왕성의 모습을 포착하는 첫 번째 과학자가 되려고 경쟁을 벌이는 중이었다.

허블의 문제

이후 일 년이 채 넘지 않은 1990년 4월 24일, 우주왕복선 디스커버리Discovery호가 허블 천체 망원경을 싣고 발사대를 떠났다. 우주왕복선을 한 번 쏘아 올리면 그것은 끊임없이 지구를 돌며 대기 위에서 사진을 찍는다. 그 결과 천문학자들은 지구 대기의 방해를 받지 않고 자기가 좋아하는 천체들을 관찰할 수 있게 되었다. 보이저 2호의 발견 덕분에 해왕성과 대암점은 과학자들이 가장 보고 싶어 하는 것 중 상위권에 올랐다.

그런데 나쁜 소식이 전해졌다. 허블 망원경의 시야가 왜곡된 것이다. 망원경의 첫 번째 반사경은 주름이 없고 깨끗한 이미지를 만들어야 했지만 그 반사경은 어찌된 영문인지 잘못된 모양으로 붙어 있었다. 그 결함은 사람 머리카락의 50분의 1 정도인, 2미크론에 해당할 만큼 아주 작았다. 하지만 이것만으로도 렌즈는 초점을 명확히 맞추기 어려웠다. 더 나쁜 소식은 이 첫 번째 반사경을 새로운 것으로 대체할 수 없다는 것이었다. 하지만 좋은 소식도 있었다. 이 문제를 광학으로 해결할 수 있다는 점이었다. 과학자들은 천문대의 궤도를 도는 '안경' 처방전을 내렸다. 하지만 이것은 3년 후에나 고쳐질 수 있는 것이었다.

1990년 제트추진연구소에서 박사 후 과정을 마친 후, 하이디는

올랜도 케네디 우주센터에서 우주왕복선 디스커버리호가 화물칸에 허블 천체 망원경을 싣고 발사되고 있다.

또 다른 전환점을 맞이했다. 그녀에게는 집중할 만한 무언가가 필요했다. 좋은 직장에 들어갈 수 있었지만, 자신이 옳다고 생각하는 선택이 무엇보다 중요했다.

데이터로 둘러싸인 하루를 보내다 잠시 쉬고 있는 하이디.

자신이 할 연구가 무엇이든 간에, 하이디는 거대 천체를 연구하기 위해 허블 천체 망원경을 사용하고 싶었다. 그녀는 천체 망원경의 흐린 이미지 때문에 지체된 시간을 긍정적으로 사용할 수 있었다. 3년만 더 한다면 명성을 굳힐 수 있을 것이 분명했다. 결과적으로 하이디는 해왕성과 다른 거대 행성의 이미지에 관련된 중요한 프로젝트를 맡고 싶었다. 그렇게 직장을 찾아 해맨 끝에, 하이디는 8년 전 영원히 떠나고 싶어 했던 그곳으로 되돌아갔다. 바로 MIT였다.

하이디는 일을 위해 여기저기 신청서를 보내곤 했는데,

크리스마스에는 자신이 신청을 받았다.

하이디와 팀이 오빠 헤이즌의 결혼식에 참석하려고 뉴멕시코의 엘버커키로 가서 찍은 사진.

9장

예기치 못한 발견

하이디가 케임브리지로 다시 돌아간 결과는 로맨스라는 뜻밖의 선물을 가져왔다. 월드와이드웹이 생겨나기 훨씬 전, 하이디는 그레이트풀 데드Grateful Dead에 관한 이메일 토론 동아리에 가입했었다. 그녀는 MIT 계정에 접근하는 법을 몰랐던 터라 MIT로 돌아간 이후에도 차선책으로 그 동아리에 글을 쓸 때 하와이 이메일 주소를 사용했다. 그러다가 새로운 참가자인 팀 달턴이 MIT 주소로 글 쓰는 것을 보고는, 그에게 사용법을 묻는 이메일을 보내기로 결심했다.

대화가 오가며 그들은 점차 이메일에서 직접 만나는 것으로 바뀌었다. 그리고 하이디와 팀은 그레이트풀 데드라는 관심사 말고도 여러 점에서 관심사가 겹쳤다. 하이디와 마찬가지로 팀은 자신

허블 우주 망원경의 와이드 필드 행성 카메라2로 찍은 해왕성의 부분적 모습.

의 전공인 화학공학에 진지한 태도를 보였지만, 그 밖의 분야가 지닌 가치 역시 알고 있었다. 가장 중요하게도, 팀은 하이디의 성공에 부담을 느끼지 않았고, 팀과 하이디는 서로의 가치를 존경하는 태도를 보였다. 그들의 우정은 곧 사랑이 되었고, 커플이 되었다.

프러포즈

MIT에서 하이디는 지구대기천문과학대학 소속 연구원이었다. 그녀가 맡은 중요한 임무 중 하나는 망원경에 대한 시간과 자금 지원을 요청하는 문서를 작성하는 것이었다. 망원경은 그녀와 동료들이 연구하는 데 무엇보다 필요했다. 그녀는 해왕성 연구를 위한 허블천체망원경 사용 신청서를 작성했다. 보이저 2호의 사진만큼 좋은 화질의 사진을 얻고 싶었다. 그리고 해왕성이 5년 후 어떻게 보일지 알아보고 싶었다. 1993년 12월, 결국 그녀는 허블천체망원경 사용 허가를 받았다. 같은 달, 우주왕복선 인데버Endeavour호 우주비행사들이 허블 망원경의 허점을 고치러 파견되었는데, 하이디는 다른 천문학자들과 함께 이들을 응원했다. 마침내 대암점을 다시 볼 기회가 왔다.

허블망원경을 고치는 임무에 투입된 인데버호 우주비행사 스토리 머스그레이브와 제프리 호프만은 만족스러운 '비포앤애프터' 결과를 낳았다.

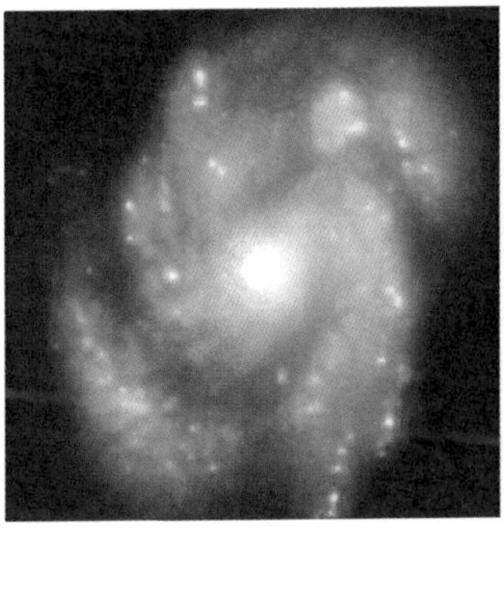

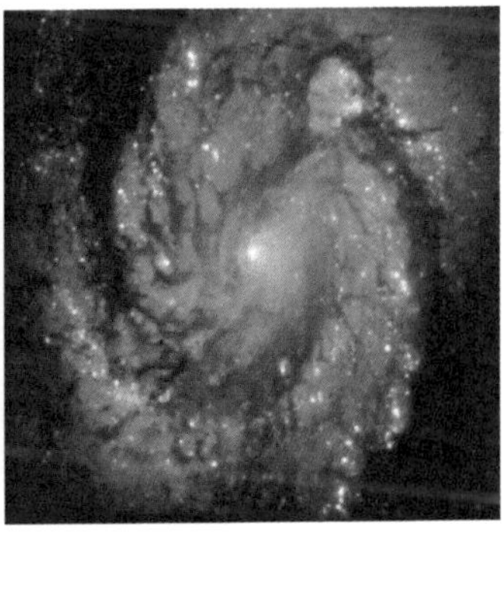

하이디는 연구하기 위해 여기저기 신청서를 보내곤 했는데, 크리스마스에는 자신이 신청을 받았다. 팀이 그녀에게 반지를 내밀며 결혼하자고 청한 것이다. 그녀는 새로운 도전을 맞이할 준비가 되어 있었고, 팀과 결혼하는 것은 좋은 일로 보였다. 그래서 이렇게 대답했다. "그래, 좋아."

사라지다

1994년 초 그녀가 해왕성을 열심히 관찰하던 때였다. 허블 망원경 사용 권한을 획득함으로써 그녀는 큰 기대에 부풀어 자신이 얻은 자료들을 관찰했다. 대암점은 그 특징상, 눈에 쉽게 띄어야 했다. 그런데 그녀는 자기 눈을 믿을 수 없었다. 대암점이 사라진 것이다! 그녀가 아끼는 행성이 또 다른 놀라움을 선사했다.

해왕성의 기후는 과학자들이 생각했던 것보다 훨씬 변덕스러웠다. 왜 이런 변화가 생기는지 알아내는 데는 주의 깊은 관찰이 필요했다. 하이디는 멀리 떨어진 거대 행성의 기후에 무슨 일이 일어나는지 이해하려면 몇 년 동안 정보를 모아야 한다는 것을 직감했다. 문제는 정보를 얻을 수 있는 시간이 정기적이지 않아 절차가 길다는 것만이 아니었다. 해왕성이 태양의 궤도를 도는 데 평범하지 않은 시간이 걸린다는 것이 문제였다. 무려 165년

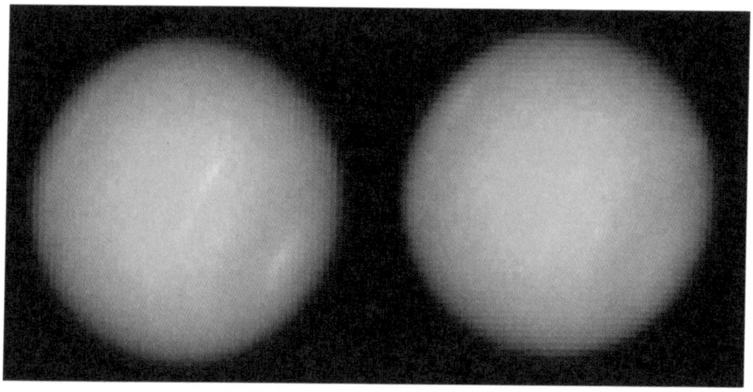

해왕성의 변화무쌍한 대기는 하이디와 다른 과학자들에게 큰 놀라움을 안겼다. 그리고 이런 예기치 못한 상황은 과학 지식의 확장에 도움을 주었다.

이나! 해왕성의 '한 달'을 관찰하려면 지구에서는 몇 십 년이 필요하다.

또한 그녀는 해왕성에 나타나는 대부분의 변화가 대암점이 사라지고 나타나는 것만큼 뚜렷하지 않으리라는 사실도 알았다. 해왕성의 더 작은 기후 체계들이 나타났다 사라졌다 하겠지만 이를 발견하기는 훨씬 더 어려울 것이다. 그것을 발견하기 위해 하이디는 수많은 정밀한 수치 안에 숨어 있는 단서를 찾아 헤매야 했다. 그녀는 또한 여러 정밀한 수치들이 나타날지도 확실히 알지 못했다. 그것은 화학적 변화일까? 구름의 움직임일까? 아니면 다른 무엇일까? 마치 사막에서 바늘을 찾는 것 같았지만, 어린 시절 클라크스 서밋에서 모노폴리 게임을 창의적으로 만들며 놀던 때처럼, 하이디는 그 바늘을 찾기 위해 여러 자료를 모으고 차트와 그래프를 만들 준비가 되어 있었다.

혜성 대충돌

해왕성의 대암점이 사라진 소동은 큰 이슈였다. 하지만 1994년의 더 큰 이슈는 태양계에 일어난 또 다른 일화였을 것이다. 이 일화는 하이디의 경력에서 그녀를 유명인사로 만들어준 전환점이었다.

1993년 3월 25일, 국제천문연맹은 서큘러circular라는 획기적인 뉴스 리포트를 통해 평범하지 않은 발견에 대해 보고했다. 캐럴린 슈메이커Carolyn Shoemaker, 유진 슈메이커Eugene Shoemaker, 그리고 데이비드 레비가 아홉 번째 혜성을 발견한 것이다. 바로 슈메이커-레비 9Showmaker-Levy 9라는 이름이 붙은 혜성은 가장 유명한 혜성 무리에 들어갔다. 그것은 다른 혜성과 완전히 달랐다.

보통의 경우, 혜성은 더러운 거대 눈뭉치와도 같이 얼음과 먼지 덩어리로 이루어져 있다. 대부분 뿌연 빛으로 이루어진 공처럼 보이며, 태양의 반대쪽으로 긴 꼬리를 가지고 있다. 하지만 슈메이커-레비 9는 막대기 비슷한 모양으로 꼬리가 여러 개였다. 캐럴린 슈메이커는 이것을 보고 '찌그러진 혜성'이라고 불렀다.

하이디는 자신이 슈메이커-레비 9 혜성에 대한 기사를 보았는지는 기억하지 못한다. 이후 발표된, 슈메이커-레비 9 혜성이 목성의 궤도를 이상하게 돌고 있다는 내용의 기사도 기억하지 못한다. 그 혜성이 목성에 가장 가까워졌을 때, 목성의 어마어마한 중

1976년 혜성을 둘러싼 수많은 먼지와 이온 꼬리가 구경꾼들을 사로잡았다. 모두 혜성의 기차에 탑승한 것이다(위). 허블 망원경이 포착한 슈메이커-레비 9 혜성 조각의 20가지 모자이크 이미지(아래).

력이 그 혜성을 산산이 부수었다. 그렇게 생긴 파편은 지구에서도 관찰할 만큼 많은 양의 먼지를 일으켰다. 지구상 망원경과 허블 망원경이 그 혜성에 주의를 기울였을 때, 많은 관찰자들은 그것을 보고 '진주의 선'이라고 묘사했다.

하이디는 그 혜성을 다룬 기사와 논문을 보았지만, 큰 관심을 쏟지는 않았다. 1993년 5월 국제천문연맹이 혜성의 궤도와 관련한 기사를 냈을 때조차 자신의 일과는 큰 관련이 없는 뉴스로 여겼다. 하이디가 그것에 대해 자세히 듣게 된 것은 어느 대학원생이 관련 뉴스를 가지고 연구실에 찾아왔을 때부터였다. 그 대학원생은 하이디가 생각했던 기사의 가치보다 더 큰 열정을 품고 있었다.

"사람들이 이 혜성을 발견했어요." 대학원생이 말했다.

"네?" 하이디가 대답했다.

"목성과 부딪힐 거예요! 너무 흥미롭지 않아요?"

"음, 목성이 엄청나게 큰 행성인 건 알죠? 혜성은 아주 작잖아요. 나는 이 혜성이 목성과 충돌할 때, 그다지 큰 일이 일어나지 않을 거라고 생각했어요."

그녀는 동료 팀 다울링이 허블 망원경을 사용해 그 혜성의 이미지를 찍어보자고 제안했을 때, 그 사건의 중요성을 자각했다. 그 혜성은 1994년 여름에 목성과 충돌하기 직전이었다. 팀은 수학으로 계산한 여러 공식을 이용해서 혜성 조각들이 목성과 충돌할 때 무슨 일이 일어날지 예측했다. 그의 모델은 목성의 대기에 잔물결이 남을 것으로 예측했다. 매우 극적으로 보였으나, 하이디는 미심쩍었다.

"잠깐 기다려. 정말로 그렇게 될 것 같진 않은데." 하이디가 말했다.

"아니야. 허블 천체 망원경을 이용해서 꼭 이 광경을 확인해야 해." 팀이 주장했다.

"알았어. 난 그렇게 될 것 같진 않지만, 어떻게 되나 보자고."

NASA는 이미 돈을 들여 허블 망원경을 사용해 그 혜성이 초래한 결과를 연구하고 있었고, 분위기는 그렇게 굴러갔다. 하이디는 목성에 무슨 일이 있을지 의문을 품었지만, 팀의 모델은 흥미로워 보였다. 그녀는 관련 연구 기획안을 작성하는 것이 더 이상 시간 낭비가 아니라고 생각했다. 기획안에서 혜성이 목성의 대기와 충돌할 때 무슨 일이 일어나는지 허블 망원경을 통해 가시광선 영역을 기록하게 해달라고 했다.

1994년 1월, '혜성 대충돌'로 불리는 그 사건이 일어나기 여섯 달 전, 하이디는 NASA로부터 전화를 받았다. 기획안이 받아들여진 것이다! 그리고 그것은 끝이 아니었다. 전화를 건 사람이 말했다.

"우리는 모든 기획안을 심사했어요. 다섯 개 프로젝트를 받아들일 겁니다."

허블 망원경 프로젝트에 참여할 다른 네 사람의 과학자 이름을 들었을 때, 하이디의 심장은 쿵쿵 뛰었다. 한 사람 한 사람이 모두 엄청난 과학자였기 때문이다.

이것은 아주 좋은 기회였다. 그렇지만 그중 나이와 경험이 가장 적은 하이디가 자기 몫을 해낼지는 미지수였다. 그래서 그녀는 다음에 들은 말을 믿을 수 없었다.

"우리는 당신을 프로젝트 총괄자로 임명해 모든 프로젝트를 하나로 묶고 싶습니다."

과학의 세계에서 프로젝트 총괄자는 한 프로젝트를 모두 관리 감독하는 사람을 뜻한다.

하이디는 깜짝 놀랐지만, 평소와 같이 침착한 태도를 보였다. 그녀는 세계에서 손꼽는 천문학자 팀을 이끌 준비가 되었는지 확신이 서지 않았다. "안돼요."라고 말할 수 없었지만 "알겠습니다." 라고 말할 준비가 된 것도 아니었다. "좋은 생각이네요." 그녀는 말했다. "잠시 생각해보고 다시 연락드리겠습니다." 그리고 그녀는 전화를 끊었다.

그녀는 자신에게 다가온 기회를 검토해보았다. 그녀가 낸 기획안이 목성 대기 분야 최상위에 있는 전문가들의 기획안들 중 첫 손가락에 뽑혔다. 전에 목성의 대기를 관찰한 적은 있으나 한 번도 논문을 제출한 적이 없었고, 어느 방면으로 보아도 그 분야의 전문가는 아니었다. 그런데도 NASA는 하이디에게 프로젝트 총괄자가 되어달라고 부탁하고 있었다. 미친 일이다, 그녀는 마음속으로 생각했다. '그러나 "좋아요."라고 대답해야 하는 일이야.'

이런 사건은 전에는 본 적 없는 일이었다.

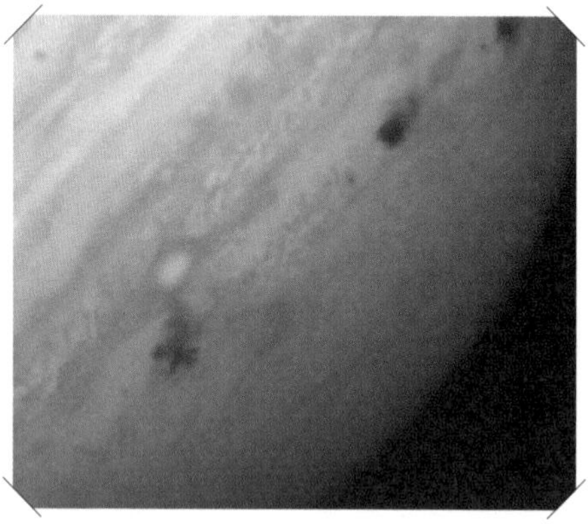

어느 누구도, 또 하이디마저도

무슨 일이 일어날지 정확히 알지 못했다.

목성에 끼친 검은 혜성의 영향이 뚜렷이 보인다.

10장

목성의 검은 눈

허블 천체 망원경을 이용한

프로젝트의 총괄자로 임명되면서, 천문학자로서 하이디의 경력은 승승장구했다. 그녀는 자신의 성공에 놀라지 않았는데, 그동안 끊임없는 노력을 퍼부었기 때문이다. 그러나 혜성의 거대 충돌이 가져올 변화 앞에서는 놀랐다.

모든 계약이 성사될 무렵, 프로젝트의 팀원들은 최소한 20개의 혜성 파편을 1994년 7월 중순 일주일 동안 관찰하기 위해 5개월이 채 안 되는 준비 기간을 가까스로 가졌다.

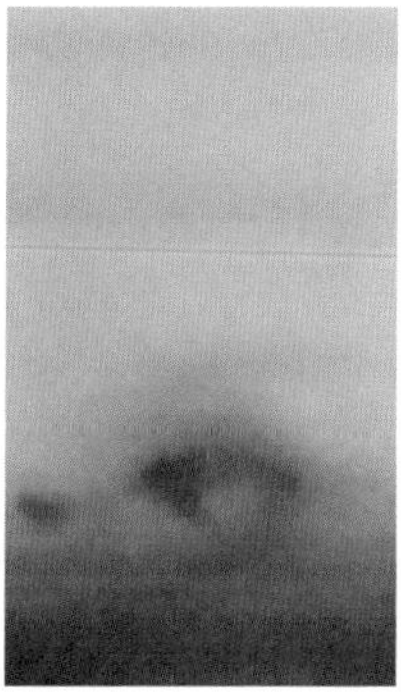

허블 망원경은 혜성의 거대 충돌을 UV광선 이미지로 촬영했다.

충돌 대책

이런 일은 전에 없던 것이었다. 어느 누구도, 또 하이디마저도 무슨 일이 일어날지 정확히 알지 못했다. 이것이 완전한 실패로 돌아갈 것이라고 모든 사람이 예상했다. 그들은 자신이 무엇을 관찰해야 하는지도 확신하지 못했다. 만약 이것이 그렇게 큰 스트레스로 들리지 않는다면, 혜성의 거대 충돌은 일생에 한 번 일어날까 말까 한 일이었다. 그 의미는 양질의 정보를 최대한 많이 얻어내야 한다는 뜻이었다. 실수란 있어서는 안 되었다. 하이디와 동료들은 모든 경험을 바탕으로 앞으로 일어날 문제에 대비해야 했다.

하이디는 허블 망원경의 카메라와 그 동선이 내포하는 정보를 최대한 끌어모았다. 그녀는 혜성 파편들의 자취에 관련된 모든 정보를 조사했다. 다이어그램을 그리고, 어떤 현상이 관찰될지 계획을 세웠다. 만약 여기서 한 치의 실수라도 한다면, 이미지는 단숨에 날아가는 상황이었다.

재앙과 같은 충돌들

혜성의 첫 번째 파편이 목성에 부딪히기 하루 전, 하이디의 팀은 그들이 준비할 수 있는 최선의 상태로 상황이 일어나기를 기다렸다. 몇 달에 걸쳐 꼼꼼히 준비했으니 이제 단 하나 남은 일은 허블 천체 망원경의 카메라를 작동시키는 것이었다.

그래서 하이디와 동료들이 메릴랜드의 볼티모어에서 천체망원경 과학협회Space Telescope Science Institute의 컴퓨터 모니터를 들여다봤을 때, 그들은 충돌이 일어나기 전 목성의 마지막 모습을 볼 것이라고 생각했다. 그러나 그녀가 본 것은 그녀의 심장을 멈추게 할 뻔했다. 목성의 모습을 담고 있는 붉은 필터가 과다노출 상태였던 것이다! 만약 그때 허블 망원경의 천체 카메라를 조정하지 않았다면 목성을 분석하는 붉은 필터 이미지는 나오지 못했을 것이다. 다시 말해, 목성의 이미지는 흑백으로 나올 뻔했다.

하이디는 벽에 걸린 큰 시계를 보았다. 5분만 지나면 앞으로 일주일 동안 천체 망원경이 할 임무가 입력될 것이다. 한시도 머뭇거릴 수 없었다. 그녀와 팀원들은 담당자에게 달려가 붉은 필터 이미지의 노출 시간을 조정해달라고 요청했다.

"우린 그런 일을 해본 적이 없는데요."

허블 천체 망원경의 담당자 중 한 사람이 말했다.

"이해하지 못하시는군요. 이걸 고쳐야만 해요." 하이디가 말했다.

"그럴 수 없어요. 불가능해요. 일반적인 절차를 따라야만 해요."

"모든 명령어를 바꿀 필요는 없어요. 우리가 해야 할 일은 하나의 숫자만 바꾸는 것이고, 그 숫자만 알아내면 되는 거예요." 하이디가 다시 말했다. 초침은 시시각각 움직였고 그들은 시간에 쫓기는 처지였다.

"그 숫자를 5분 안에 알아낼 수 있나요?"

"알아내야만 하죠."

그들은 하이디의 팀이 붉은 필터 이미지의 노출 시간을 다시 계산할 수 있도록 전송을 약 5분 후로 미루었다.

하이디가 스테이지에 올라가다

이튿날인 1994년 7월 16일, 천체망원경 과학협회의 기자회견실이 사람들로 붐볐다. 스테이지 위에는 열여섯 달 전, 평범하지 않은 행성인 슈메이커-레비 9 행성을 발견한 유진 슈메이커Eugene Shoemaker, 캐럴린 슈메이커Carolyn Shoemaker, 그리고 데이비드 레비David Levy가 있었다. 군중 속에는 미국 전역과 세계 각국에서 온 뉴스, 잡지, 지역 신문의 기자들이 있었다.

시속 약 20킬로미터로 움직이는 첫 번째 혜성 파편은 벌써 목성의 대기 상단을 지나고 있었다. 기자회견이 끝나기도 전에, 기자들은 그 현상을 담은 허블의 첫 번째 사진을 볼 수 있기를 기대하고 있었다.

기자회견실의 한 층 아래에서는 하이디와 동료들이 모여 컴퓨터 화면을 초조하게 지켜보았다. 혜성 파편은 목성 중심에서 멀리 떨어진, 허블 망원경이 미치지 못하는 부분을 강타했다. 하지만 목성이 공전하면서 강타된 부분이 곧 보일 것이었다. 허블이 지구를 돌아 목성이 강타된 부분을 관찰할 수 있는 시간인 90분 이후에는, 허블 망원경을 통해 해당 부분의 이미지가 전송될 것이다.

위층에서는, 유진 슈메이커와 캐럴린 슈메이커가 이전의 목성 관찰에 대해 간단한 발표를 했다. 그러고는 데이비드 레비에게 마이크를 넘겼다. 유명한 과학 저술가이자 아마추어 천문학자이며, 이번 관찰에서 두 사람의 믿음직한 동료가 된 레비였다.

레비는 인류가 처음 달에 착륙한 지 25주년이 되는 날의 4일

천체망원경 과학협회에 참석한 하이디와 동료들이 모여 많은 과학자들에게는 익숙한 데이터 기다리기 게임을 하는 중이다.

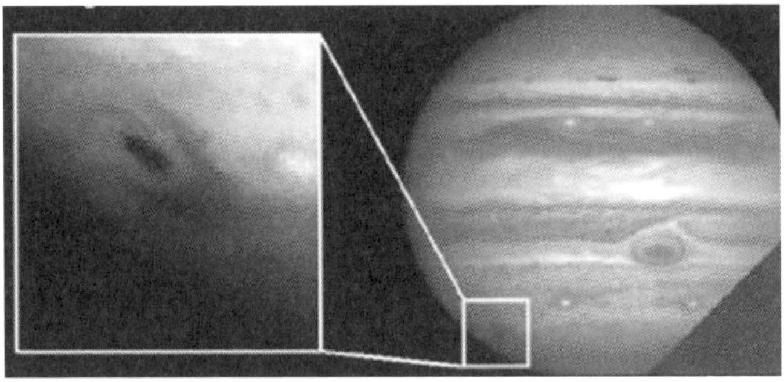

허블 망원경으로 찍힌 이 사진은 파편-A의 영향을 받았다. 이것은 어두운 줄로 나타나며, 수천 킬로미터에 걸친 초승달 모양으로 보인다.

전을 축하하는 것으로 발언을 시작했다. 그것은 "백 년에 한 번 있을까 말까 한, 과학이 멈추고 모두가 그것을 향해 귀를 기울이는 순간, 그러니까 매우 특별한 무언가를 주는 것"이었다. 혜성 슈메이커-레비 9의 효과는 사람들에게 과학은 매 순간이 놀라운 순간임을 상기시키는 순간이 될 것이라고 말했다. 또, 레비는 그 효과의 중요성 역시 강조했다. "혜성의 충돌은 지금 지구에 물이 있는 것과 비슷한 효과를 냅니다." 그는 아주 오래 전, 지구 역시 혜성과 충돌한 적이 있음을 역설했다. 레비는 사람들이 밖으로 나가 역사에 남을 만한 한 주 동안 목성을 관찰하라고 북돋웠다. "작은 망원경이 있다면 그것으로 보세요." 그러나 이렇게도 말했다. "이번 충돌로 목성에 생긴 큰 변화를 감지하지 못한다고 해도 말이죠."

레비는 틀렸다. 하이디와 동료들은 이미 그 사실을 알아챘다.

그들은 스크린에 나타난 믿을 수 없는 광경을 계속 지켜보고 있었기 때문이다. 그 화면은 먼 귀퉁이에 일어난 충돌의 영향으로 목성의 가장자리에서 플룸plume이 960킬로미터 이상 솟아오르는 것을 보여주었다. 허블 천체 망원경으로 관찰한 이미지는 색을 띠고 있었다. 이미지는 선명하고 디테일이 풍부하여 과학자들에게 많은 정보를 주었고, 그들은 이 정보를 이용해 혜성은 물론 목성의 대기에 대해 더 많이 알 수 있었다.

팀원들은 환호했고, 샴페인을 터뜨려 허블 망원경의 성공을 축하했다. 이제 허블 망원경이 다시 공전하여 혜성이 부딪친 표면이 보일 때까지 기다리는 일만 남았다.

90분이 지나자, 허블 망원경은 혜성이 부딪친 표면의 선명한 이미지를 전달해왔다. 그 부분은 거대했다. 그 규모가 엄청나서, 약 6억 킬로미터 떨어진 지구의 자기 집 뒷마당에서 작은 망원경으

컴퓨터에 의해 만들어진 이 이미지는 혜성 슈메이커-레비 9가 목성의 남극을 지나가며 마지막 효과를 남긴 사진이다.

로 관찰하는 개인 관찰자들도 감지할 수 있었다. 이것은 천문학자들만이 흥분할 단순한 사건이 아니었다. 모두가 즐길 수 있는 현상이었던 것이다.

하이디는 레이저 프린터로 인쇄한 후, 기자회견실로 갔다. 기쁨에 넘친 하이디가 다가갔을 때, 유진은 기자가 '거대한 일렁임great fizzle'이 일어날 확률에 대해 질문하는 것을 받아주고 있었다.

하이디는 자기 자리를 양보하는 유진에게 그 이미지를 보여주었다. 기자들은 그녀가 큰 기삿거리를 가지고 왔음을 직감했다. 그녀의 반짝이고 풍부한 눈과 크게 벌어진 입이 모든 것을 말하고 있었다.

"유진이 말했죠. 만약 우리가 아무것도 관찰하지 못한다면 자기가 놀랄 것이라고요. 음, 그는 놀라지 않을 거예요. 우리가 아주 굉장한 것을 관찰했거든요! 우리는 목성 가장자리에서 연기 기둥을 볼 수 있었어요. 그리고 이것은 파편 A라는 거죠. 첫 번째 파편이지만 가장 밝은 것은 아니에요. 즉, 우리는 정말 기대되는 한 주를 보낼 수 있는 것이죠."

하이디는 마치 뱃속에 든 아이 사진을 보여주는 부모처럼 카메라를 향해 이미지를 내밀었다.

"이 밝은 줄이 보이나요?" 그녀의 목소리는 흥분으로 높아졌다. "이 줄 끝부분에는 다른 물건이 더 있어요." 그녀는 '다른 물건'이라는 말을 반복해 웃음을 유발하며 말을 이었다. "그 다른 물건에 대해 오늘 밤 더 자세히 말해줄게요."

기자들은 깜짝 놀랐다. 하이디의 에너지와 절제되지 않은 흥분은 곧 다른 사람들에게도 전파되었다. 그들은 과학자가 이렇게 행동과 말로 눈에 보이는 듯한 표현을 하는 것에 익숙하지 않았다. 하이디가 지나가고, 그들은 박수를 쳤다.

관찰 구역으로 돌아간 하이디에게는 다른 슈메이커-레비 9 관찰에 참여했던 초기 과학자들과의 새로운 컨퍼런스가 기다리고 있었고, 두 시간 남짓 시간이 남아 있었다.

거리 위의 남자

밤 10시, 하이디와 혜성 충돌 프로젝트의 허블 망원경 탐사자 네 사람이 회의 탁사에 둘러앉았다. 기자들은 몇 가지 과학 관련 질문을 던졌고, 과학자 한 사람 한 사람은 미디어가 자신의 의도를 정확하게 받아들이도록 조심스럽게 대답했다.

다른 과학자들은 정보만 전달했지만 하이디는 확연히 달랐다. 그녀가 대답할 때마다 몸짓이 목소리를 따라 움직였다. 그리고 모두가 알아듣기 쉬운 용어를 사용했다. 일에 관해 그녀가 가진 열정에는 실수란 없었다.

BBC-TV에서 온 기자 한 사람이 하이디에게 천체에 관심이 없는 사람들에 대한 질문을 했다.

"거리를 걷고 있는 남자한텐 무슨 의미가 있는 거죠?"

요직에 있는 과학자 한 사람이 그가 목성에 살고 있지 않은 것을 다행으로 여겨야 한다며 웃음을 끌어냈다. 그러고는 갑자기 진지해져서 과학 기술의 중요성과 이번 사항의 희귀성에 대해 논의했다.

그가 말을 마치자 정적이 흘렀다. 그리고 하이디가 입을 열었다. 그녀는 자기 말이 비판하는 것으로 들리지 않도록 노력했지만, 동료가 핵심을 놓쳤음을 알고 있었다. '거리를 걷고 있는 남자'는 과학에 관심 없는 보통 사람을 대표하지만, 이번 사건이 중요하다는 사실은 아는 사람이었다.

"거기에는 그냥 과학 이외의 무언가가 더 있어요." 그녀가 말했다. "당연히, 우리는 과학에 흥미를 느끼지요. 그것이 우리가 하는 일이니까요. 그렇지만 이것은 엄청난 일이에요. 태양계에는 우주를 떠도는 것들이 있지요. 예를 들자면 서로를 강타하며 큰 폭발을 일으키는 것들이죠. 이런 것들은 상상하기에도 벅찰 정도예요."

그리고 그녀는 조금 더 진지한 태도로 입을 열었다.

"보통 우리는 바깥의 우주에 대해 잘 생각하지 않아요. 그저 가끔 하늘을 올려다보고, 별을 보고 그럴 뿐이죠. 그러나 한 발짝 물러나서 다시 보면 이것은 역동적인 우주예요. 그리고 이것은 계속되는 에너지 중 한 가지 예시일 뿐이죠."

그녀의 쉬우면서도 유머가 담긴 그 대답은 사람들에게 경이로움을 안겼고, 과학자들만큼이나 혜성 대충돌에 관심을 둔 모든 사람과 기자들에게 하이디는 가장 사랑받는 인물이 되었다.

외계의 밝은 빛을 등지고 앉은 하이디(왼쪽에서 두 번째)가 데이비드 레비(왼쪽에서 첫 번째), 유진 슈메이커, 캐롤린 슈메이커와 함께 그 신나는 사건을 말하고 있다.

그 주에 있었던 다른 브리핑 자리에서, 하이디는 충돌의 영향을 설명하면서 마치 멍이 들어 눈이 검어진 것처럼 표현해가며 이야기를 다채롭게 풀어나갔다. 그녀는 젊었고, 혜성 대충돌에 열정을 품은 인간이었다. 모든 사람이 그것을 사랑했다.

이제는 일로 되돌아가

해왕성과 천왕성 연구를 하며

그녀의 다른 삶과 다시 연결되어야 할 시간이었다.

혜성 충돌 프로젝트 경험으로 많은 것을 얻어 눈에 보이도록 신이 난 하이디.

11장

천문학계의 새 별

혜성 대충돌의 흥분이 지나간 뒤, 하이디는 유명인이 되어 MIT로 돌아갔다. 1994년 7월 27일, 대학 교수와 관리자를 위한 국립 주간신문 〈고등 교육의 연대기〉가 하이디의 능력을 대서특필했다. 기사 제목은 하이디를 '혜성 드라마의 최대 이슈', '천문학계의 새 별'로 지칭했다. 그리고 다음과 같은 내용을 실었다. "MIT에서 온 에너지 넘치는 34세의 연구 과학자가 천문학자들도 즐길 줄 안다는 것을 세상에 보여주다."

그러나 하이디는 즐길 줄 안다는 그것이 멍이 든 행성이나 대암점이 사라지는 것과 같은 큰 이슈들에 한정된 말이라는 것을 알았다. 하지만 대부분의 과학 업적은 사소한 관찰이 모여 이루어지고, 이 작은 놀라움들이 재미를 빚어낸다. 놀라움에 참여하고 싶다면 사소함을 소중히 여기며 살고 거기서 즐거움을 느껴야 하는 것이다.

하이디는 일상 또한 이런 식으로 이루어진다는 것을 알고 있었다. 그녀는 천체에 일어난 가장 큰 일을 그 한가운데에서 겪은 후였고, 이제는 날마다 작은 관찰과 발견을 겪으러 케임브리지에 있는 MIT로 돌아갈 준비를 했다. 이제는 일로 뇌놀아가 해왕성과 천왕성 연구를 하며 그녀의 다른 삶, 특히 남편 팀과 다시 연결되어야 할 시간이었다.

결혼, 자녀, 그리고 도약

일에서 탄탄한 경력을 쌓으며 그녀는 결혼과 가족에 대해 생각했다. 그녀는 가족이 큰 변화를 가져올 것임을 알고 있었다. 그녀와 팀은 약혼한 상태를 즐기면서, 결혼을 천천히 하기로 약속했다. 그들이 3년간 교제한 후인 어느 날, 팀은 하이디에게 반지를 내밀며 청혼했다. 1996년 그들이 결혼하기 3년 전의 일이었다.

하이디와 팀이 결혼한 후, 가족으로서 출발하는 것은 그들에게 자연스러운 일이었다. 아이를 갖는 것에 대한 하이디의 생각은 팀이 하이디에게 청혼했을 때와 크게 다르지 않았다. 아이는 그녀 삶의 목표가 아니었지만 그녀는 그런 생각에 열려 있었다. 그

막 결혼한 하이디와 팀이 삶의 새로운 장을 펼치는 순간이다(왼쪽). 하이디는 토비아스, 루카스, 그리고 비에트리스를 낳으며 부모로서 가장 중요한 역할을 하게 되었다.

녀의 일은 잘 진행되었고 그녀는 결심했다. 그래, 일어날 일이라면 일어나겠지. 그 일은 일어났다. 그것도 한 번이 아니라 세 번씩이나.

하이디의 첫 임신은 출산 바로 전날까지 일했을 만큼 수월했다. 비에트리스는 1997년에, 예정일보다 10일 늦게 태어났다. 의사들은 하이디가 만 37세에 첫 아이를 낳는다는 것을 걱정했지만 그녀에게는 아무 문제도 없었다.

그녀의 두 번째 임신은 조금 더 어려운 점이 있었던 만큼 힘들었다. 팀이 뉴욕 허드슨 밸리에 있는 IBM에 직장을 잡았기 때문에 그들은 코네티컷으로 이사해야 했다. 하이디가 코네티컷에서

MIT까지 출근하려면 3시간이나 운전해야 했다. 그러나 그녀는 대부분의 업무를 파트타임과 재택 업무로 바꾸었다. 그래도 일주일에 한 번씩은 사무실에 들러야 했고, 이런 날에는 여섯 시간 정도를 도로에서 보내야 했다. 만삭일 때도 그랬다. 1999년 토비아스를 출산하고 얼마 지나지 않아, 하이디는 MIT에서 업무를 보려고 다시 길로 나갔다.

하이디가 부모 역할을 즐겼던 만큼, 그것은 고된 업무로 다가왔다. 그녀는 MIT로 매주 가야 한다는 사실이 큰 스트레스라는 것을 깨달은 후, 새 일을 찾기로 마음먹었다. 하이디는 콜로라도주 볼더에 위치한 천체과학협회Space Science Institute, SSI의 선임연구원이 된 데다 협회의 배려로 매일 집에서 일할 수 있게 되어 무척 기뻤다.

하이디는 만 41세에 셋째 아이를 임신했으며 이것은 상대적으로 평탄해 보였다. 그러나 앞의 두 임신보다 어려웠으며 우울감을 느끼는 날이 있었다.

"당신은 이런 종류의 일을 겪기에는 나이가 있어요." 의사가 그녀에게 말했다. "집에는 아이들이 있고, 정직원으로 일하며, 장거리 이동을 자주 하기 때문에 지쳐 있어요. 그게 당신이 힘든 이유예요." 2001년 루카스를 낳았을 때, 그녀는 세 아이로 충분하다고 느꼈다.

가족생활

요즘, 하이디는 자신이 얼마나 축복받았는지 사람들에게 거리낌 없이 말한다. 그녀와 팀은 결속력이 강한 결혼을 했고, 밝고 행복하고 튼튼한 아이들을 키우고 있다. 그러나 그녀는 좋은 일만 있는 것은 아니라는 사실을 안다.

"이건 제 삶에 있었던 다른 것과 비슷해요." 그녀는 이렇게 말할 것이다. "그것이 일어난 것은, 그것이 일어날 만했기 때문이에요. 그리고 우리는 그것이 좋은 경험이 될 수 있도록 최선을 다했어요. 그래서 결국 좋은 경험이 된 거예요."

하이디와 팀은 그들이 해야 할 엄마와 아빠로서의 일을 진지하게 받아들이지만, 유쾌함도 잊지 않는다. 집에 있는 달력은 그들이 일정과 시간을 꼼꼼하게 관리해 시간이 도망가지 않도록 철저히 준비한다는 것을 보여준다. 그들은 자주 업무 출장을 가지만, 부모 중 한 사람은 꼭 집에 남는다. 가끔은 하이디의 어머니이자 아이들의 할머니에게 도움을 요청한다.

보통 하이디와 팀이 둘 다 일하는 날에는, 팀이 아침 일찍 나가야 한다. 이때 하이디는 아침을 준비하고, 아이들 각자에게 책을 읽어주고, 아이들을 위해 신중하게 선택한 학교나 보육기관으로 아이들을 데려간다. 그러고 나면, 하이디는 천문학자로서 집에 꾸민 자기 사무실에 들어앉아 저녁이 올 때까지 지낸다. 팀은 보

하이디는 집 안에 사무실을 마련해놓았다. 가정생활과 일 사이에서 균형을 맞추는 일은 그녀와 팀에게 가장 중요한 임무다.

통 오후 4시쯤 일과를 마치는데, 그때부터 아이들을 집에 데려오고 저녁을 준비한다. 팀은 그 시간을 즐긴다.

저녁은 가족만의 시간이다. 그 후에 놀고 책을 읽는 시간이 지나면 아이들은 자러 간다. 팀 역시 집에 사무공간을 마련해놓아 하이디와 그는 미처 다하지 못한 그날의 업무를 마무리한다.

소행성 해멀과 그 밖의 영광들

결혼해서 아이들을 갖는 것 외에도 혜성 대충돌 이후 하이디의 삶은 그녀가 전혀 예상하지 못한 방향으로 많은 변화를 겪었다. 그녀는 자신의 분야에서 유명 인사가 되었고, 천체에 대한 강의 초청을 감당할 수 없을 만큼 많이 받았다.

또한 과학 업적과 그것을 대중과 나누는 능력을 인정받아 많은 영예와 상을 받았다. 사무실 벽에는 자녀들이 그린 그림과 함께 NASA, 여성 단체, 전문가 단체, 샌프란시스코 엑스플로러토리엄San Francisco Exploratorium이 준 상패, 그리고 2002년 그녀를 '가장 영향력 있는 여성 과학자 50인'으로 선정한 〈디스커버Discover〉의 증서 등으로 채워져 있다. 2002년에 받은 칼 세이건 메달도 자랑스레 걸려 있다. 이 메달은 유명한 천문학자이자 베스트셀러 작가인 칼 세이건Carl Segan의 이름을 딴 것으로, 천체 과학 분야에서 대중과의 소통을 우수하게 실현한 사람에게 수여한다.

그리고, 만약 당신이 망원경을 가졌고 언제 어디서 천체를 바라보아야 하는지 안다면 3530 해멀3530 Hammel이라는 이름의 소행성을 관찰한 적이 있을 것이다. 1996년, 이 소행성은 하이디의 업적을 인정해 해멀이라는 이름이 붙여졌다.

그녀는 이런 수상으로 뿌듯함을 느끼지만 그것을 입 밖으로 말하는 일은 드물다. 그러는 대신, 과학에 관해 이야기하고, 과학이 자신의 삶에 미친 긍정적인 부분을 더 자주 말한다.

과학에 대해 사람들과 대화하는 것을 아주 좋아하면서도, 하이니는 직접 관찰할 때 최고의 행복을 느낀다. 우주는 수많은 기회로 가득 차 있고, 매일 밤 아무도 찾지 못한 것을 찾을 기회가 다가오기 때문이다.

이런 기회는 하이디가 2003년 8월, 하와이 마우나케아에 위치한 과학자 숙소에서 잠을 청하던 일요일 밤에 찾아왔다.

단 하룻밤의 관찰은 하이디와 다른 천문학자들을

한 달 또는 몇 년 동안

바쁘게 할 만큼의 정보를 주기도 한다.

하와이 마우나케아에 위치한 IRTF 망원경이 밤하늘을 향해, 그리고 발견을 향해 다시 한 번 열려 있다.

12장

꿈과 발견

현대식 천체 관측소에서 일하는 것은 하이디에게 자기가 가장 좋아하는 그레이트풀 데드Grateful Dead 콘서트에 있는 것과 같다. 모든 노래를 안다 해도 퍼포먼스는 그때마다 다르게 구성된다. 관중석에 앉아 있는 그녀는 보기만 할 뿐, 스테이지 위에서 일어나는 일에 관여할 수 없다. 그녀가 감지할 수 있는 것보다 훨씬 많은 일이 자주 일어난다.

콘서트 퍼포먼스가 녹화될 수 있다는 것은 다행이다. 하이디가 소장한 그레이트풀 데드의 라이브 음반 중에는 그녀가 다녀온 콘서트도 있고, 못 가본 수많은 콘서트도 있다. 그녀는 음반을 올려놓고 들을 때마다 전에 그냥 지나쳤던 것에서 새롭고 놀라운 것을 늘 발견한다.

은하수의 조그만 반짝임조차 굉장한 영감으로 다가온다.

콘서트에서 하이디는 퍼포먼스에 집중한다. 그러나 NASA의 적외선천문대IRTF에서 보낼 다음 사흘 동안에는 평소와는 다른 접근법을 사용할 것이다. 모을 수 있는 자료를 최대한 많이 모아 그것이 뜻하는 것을 분석하려고 한다. 왜냐면 다른 과학자들과 마찬가지로 그녀가 망원경을 사용할 수 있는 시간이 매우 제한적이기 때문이다. 그래서 그녀는 매 초를 의미 있게 보내야 한다. 특정 데이터를 생각하느라 시간을 버릴 수 없는 것이다. 그녀가 해야 할 오직 하나의 임무는 최대한 많은 정보를 저장하는 것이다. 단 하룻밤의 관찰은 하이디와 다른 천문학자들을 한 달 또는 몇 년 동안 바쁘게 할 만큼의 정보를 주기도 한다.

대부분의 경우 진실이지만, 하이디는 2003년 8월 18일 월요일 밤, 무언가가 다를 것이라는 것을 직감했다. 그녀는 마우나케아에서 오랫동안 관찰한 경험이 있었기에, 오늘 밤 있을 경이로운 일몰에 무언가 문제가 있음을 알 수 있었다. 하이디는 관측 동료들과 함께, 몇 년 후 해왕성과 천왕성 관측 프로젝트에 유용하게 쓰일, 쌍둥이 켁 관측소Keck Observatory의 돔 두 개를 뚫어져라 쳐다보았다. 저 밑에는 흰 솜뭉치 모양을 한 잿빛 구름바다가 떠다니고 있었다. 거대한 빨간 공 형태의 태양이 층진 구름 아래로 서서히 지다가 갑자기 사라졌다. 위쪽에는 몇 개의 높고 가벼운 구름이 보랏빛 실로 베를 짜는 듯한 광경이 펼쳐졌다. 숨이 멎을 만큼 아름다운 광경이었다. 그러나 하이디는 이것이 나쁜 소식을 뜻함을 알고 있었다. 높은 구름은 정상에서 습도가 높음을 의미한다. 그녀는 망원경 관리자인 폴 시어스가 습도가 90퍼센트로 떨어지고 그 현상이 20분간 지속되기 전까지는 돔을 열지 않을 것임을 알고 있었다.

평상시에 하이디는 붉은색 필터를 통해 해왕성과 천왕성의 정보를 추출한다. 그러나 오늘 밤 그녀는, 사람 눈으로 볼 수 있는 붉은색보다 더 나아가는 일을 할 예정이다. 적외선으로 잘 알려진 이 방법은 반사된 태양 빛을 사용하지 않는 대신 행성의 열을 바로 측정한다. 그녀는 일에 바로 착수하기를 열망했다. 그러나 하늘이 깨끗해지기까지 기다리는 것은 피할 수 없는 천체와의 싸

마우나케아에 위치한 쌍둥이 켁 망원경The twin Keck Telescopes의 실루엣이 하늘을 배경으로 비친다. BASS 멤버인 브래드, 데이비드, 레이, 하이디, 프레드, 그리고 대릴이 망원경 근처에 있다.

움이었다. 그녀가 할 수 있는 일은 높은 구름이 빨리 흩어지는 것과, 동료들인 레이 러셀Ray Russell, 데이비드 린치David Lynch, 대릴 김Daryl Kim, 브래드 페리Brad Perry와 즐거운 시간을 보내는 것 외에 없었다.

하이디는 시계를 보았다. 천왕성이 떠오르고 있었지만, 습도 때문에 돔 천장은 닫힌 상태였다. 천체를 관측할 때 이런 지체를 많이 겪었으면서도 그럴 때마다 초조했다. 그녀는 밖에서 산책하며 높게 떠 있는 은하수의 경이로움을 느껴보기로 했다. 화성은 동쪽에서 밝고 붉게 빛나고, 천왕성은 평소처럼 같은 방향에 있었다. 만약 그녀의 눈이 어둠에 적응했더라면, 천왕성의 청록색 원반을 관찰할 수 있었을 것이다. 지구에서 가장 어두운 곳에서는 망원경 없이도 관찰할 수 있는 물질이기 때문이다. 얇게 흩뿌려진 구름은 오늘 밤 관측에 문제가 되지 않을 것이지만 대기에 수분을 더해 돔을 닫힌 상태로 만드는 범인이었다. 이렇게 한 시간 한 시간이 흘러갔다.

마침내, 습도가 돌아왔다. 이때는 한시라도 아껴야 한다. 새벽 12시 30분이 되자 돔이 열렸고, 팀은 첫 관찰을 시행할 준비를 마쳤다.

오늘 밤, 이들은 BASSBroadband Array Spectrograph System로 관찰할 것이다. 이 장비는 망원경에 부착되어 빛을 여러 파장으로 나눈다. 그러나 이것이 제대로 작동하는지 확인하는 시험 절차를 먼

COBECosmic Background Explorer 위성을 통해 적외선의 파장에서 찍힌 은하수는 빅뱅의 흔적을 느끼게 해주는 강력한 존재다.

저 밟아야 한다. 순조롭게 진행된다면, 공학적인 문제는 없을 것이고, 마침내 결과를 얻을 수 있을 것이다.

하이디가 천왕성의 희미한 빛을 많이 모을수록, 그녀는 적외선 스펙트럼을 더 정확하게 분석할 수 있을 것이다. 스펙트럼을 통해 구름 위층에 어떤 종류의 기체가 있는지 추론할 수 있다. 대기의 큰 부분이 수소와 헬륨이라는 것은 이미 안다. 오늘 밤, 그녀는 얼마나 많은 양의 에탄이 대기 중에 있는지 알아내려고 한다. 과거 사진을 보면, 적외선에는 좀 더 밝은 부분이 나타나 대기 중 에탄을 추적할 수 있다. 그러나 기체의 정확한 색깔이나 온도 변화는 이들이 이해하지 못하는 부분 중 하나다. 하이디는 충분한 양의 정보를 모아 천왕성의 대기에 무슨 일이 일어나고 있는지 알고 싶었다.

레이가 BASS 공학을 총괄하고 있기에 오늘밤에는 그가 선발

주자로 나설 것이다. 즉석에서 그는 필요로 하는 정보를 얻었다. 그다음은 데이브다. 그의 이번 주 목표는 먼지구름을 형성한 것처럼 보이는 별을 관찰하는 것이다. 그러나 저녁 9시가 되자 별이 더 이상 보이지 않았다. 그래서 그는 다른 대상을 목표로 삼아 BASS가 자기 목적에 얼마나 부합하는지 실험했다.

천왕성을 과녁으로

새벽 2시가 얼마 지나지 않아 드디어 하이디의 차례가 왔다. 폴은 망원경이 천왕성을 향해 돌도록 조정했다. 하이디는 천왕성이 시야에 적절히 들어왔다고 확신했고, 정보를 기록하기 시작했다. 시그널은 예상했던 대로 매우 약했다. 그리고 만약 모든 것이 하이디의 예상대로 진행된다면……. 대릴이 "채널 시프트!" 라고 외쳤다. 어찌된 영문인지 정보 기록에 무언가가 잘못되었다. 스펙트럼을 만들기 위해 BASS 안의 기기는 빛을 각 채널에 맞는 파장으로 나누어야 한다. 만약 하나의 채널이라도 잘못된다면, 그 채널 위의 다른 모든 채널 역시 영향을 받게 된다.

그들은 컴퓨터 장비를 재조정하며 정보 수집 활동을 계속했지만, 위와 같은 문제로 채널 시프트가 자꾸 일어났다. 처음에는 날씨, 이제는 장비가 말썽이라니! 천왕성으로부터 정보를 얻으려 이

대릴과 레이가 사다리 위에서 BASS의 회로를 조심스럽게 조사하고 있다.

렇게 멀리까지 온 하이디는 이러한 역경을 딛고 과연 성공할 수 있을까?

레이는 장비를 닫고, 대릴과 함께 BASS 회로를 유심히 보며 문제의 근원을 찾을 수 있는지 쭉 훑어본다. 하지만 그들은 확실한 문제점을 찾지 못하고, 처음부터 모든 절차를 다시 시작하기로 마음먹는다. 지금은 새벽 3시 45분. 조금만 더 있으면 천왕성은 하늘에서 너무 낮아져 양질의 신호를 보낼 수 없게 된다. 실망을 느낀 하이디는 남은 시간을 활용해 해왕성과 다른 천체들을 관찰하려고 마음먹는다. 그녀는 해왕성 대기 중 기체에 대한 중요한 정보를 얻어, 집에 가서 그 정보를 분석할 것이다.

화성의 놀라움

이제는 모험을 약간 할 시간이다. 이것은 브래드가 관찰에 몰입할 수 있는 기회이기도 하다. 일주일 안으로 화성은 6만 년 만에 처음으로 지구와 가장 근접한 거리에 위치하게 된다. 그래서 이번 기회는 그 '붉은 행성', 특히 화성의 감자 모양 두 위성인 디모스Deimos와 포보스Phobos를 연구하기에 알맞은 시간이다.

허블 망원경으로 찍은 뚜렷한 화성 사진. 화성 극단에 있는 얼음 덩어리 바로 밑에 거대한 원형의 (소용돌이치는) 폭풍이 보인다.

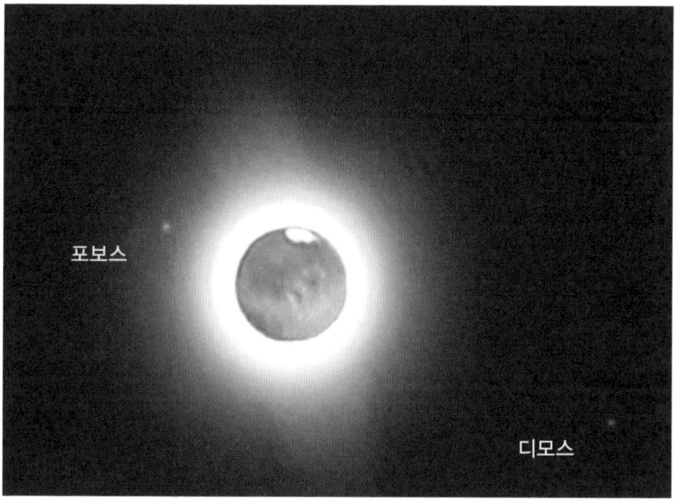

화성의 위성들 사이에서 제일 크고 가장 안쪽에 위치한 위성인 포보스는 공전 시간이 7시간 정도로, 30시간이 걸리는 디모스보다 짧은 시간 안에 화성을 공전한다. 이 위성들의 이름은 로마 신화에 나오는 전쟁의 신 마르스의 시종에게서 따왔다. 포보스는 '두려움'을, 디모스는 '패닉'을 뜻한다.

브래드는 자기 노트북 컴퓨터로 가서 화성의 하늘 위치와 위성들의 위치를 계산할 수 있는 프로그램을 작동시킨다. 오늘 밤 포보스를 따라잡기엔 좀 늦은 감이 있지만, 디모스는 조금만 있으면 화성과 최대한 멀리 떨어져 관찰하기에 가장 적합하다.

하이디는 폴에게 망원경을 화성 쪽으로 돌려달라고 부탁한다. 그 망원경이 화성 중심부에 놓이면, 브래드는 디모스를 찾기 위해 망원경을 어느 방향으로 얼마만큼 움직여야 하는지 폴에게 알려줄 것이다. 비디오 모니터에 나타나는 아주 희미한 점은 그들이 목표물을 찾았다는 것을 알려줄 것이다.

새벽 4시 50분, 길고 실망스러웠던 첫 번째 밤이 지나고, 팀원들은 디모스의 스펙트럼을 찾으려고 온 힘을 다하고 있었다. 컴퓨터 스크린에 첫 번째 데이터가 나오자마자 데이브는 누구보다 빠르게 반응한다. "컴퓨터가 제대로 작동하는 게 맞아?" 그가 궁금해 한다. 디모스가 그렇게 밝게 빛날 리 없기 때문이다. 스케일에서 벗어났어! 대릴이 재빨리 컴퓨터 화면을 조정하자, 디모스 스펙트럼을 보여주는 그래프가 나타난다.

BASS의 정보가 이전 과학자들이 계산했던 것과 일치하는 양상을 보이자, 그들은 장치가 제대로 작동한다는 것을 확인할 수 있었다. 그러나 그 강도는 점차 증가해야 했지만, 예상했던 정도의 강도로 떨어지기 전까지 예상 밖으로 너무 빠르게 증가했다.

데이터를 설명할 가장 설득력 있는 대답은 디모스의 표면이 맑은 날 해변의 모래처럼 데워지기 때문이라는 것이다. 그 열을 감지하는 적외선 망원경이 이 현상을 포착했을 것이다. 하지만 이들이 흥분하는 만큼, 과학적인 절차를 밟을 때는 그만큼 큰 주의를 기울여야 한다. 이처럼 예측하지 못했거나 극적인 새로운 결과가 나올 때마다 가장 먼저 의심해야 할 점은 정보를 얻은 방법이나 장비에 대한 것들이다. 또, 이 멤버들은 새로운 정보를 너무 갈구한 나머지 이성을 외면하고 있지는 않은지 되돌아보아야 한다.

하지만 이제는 늦었다. 태양은 곧 떠오를 것이고, 그들에게는 잠이 필요하다. 폴이 망원경을 끄고, 돔을 닫고, 모두가 함께한 날을 기록한다. 이제 지친 동료들은 과학자 숙소로 가서 아침을 먹고, 잠자리에 들었다.

단서를 쫓아가고, 정보를 공유하다

전날의 새로운 정보는 팀이 다음 이틀 간의 계획을 다시 세울 만큼 신기하고 흥미로운 것이었다. 새로운 계획에는 화성의 두 위성을 관찰하는 내용이 들어 있었다. 팀원들이 세 번째 밤에 관측할 당시, 그들은 디모스와 포보스 모두 표면이 예상보다 뜨겁다는 정보를 가지고 있었다.

그날 밤 디모스에서 얻은 결과는 하이디 같은 과학자들에게 해왕성의 대암점이나 혜성 대충돌 때와 비슷한 흥미로움을 선사했다. 과학자들이 기존 지표를 다시 확인하려고 새로운 지표를 도입할 때마다 그 행동은 새롭고 중요한 무언가로 그들을 이끌 것이기 때문이다. 그리고 이 행동이 쌓이고 쌓이면 대중에게도 유의미한 무언가로 다가갈 것이다.

하이디는 해왕성에서 얻은 것만 연구해도 바쁠 정도로 많은 정보를 얻었지만, 천왕성 관측 결과는 실패로 돌아갔다. 레이와 대릴은 채널 시프트가 BASS의 느슨한 와이어 때문이 아닌가 생각했다.

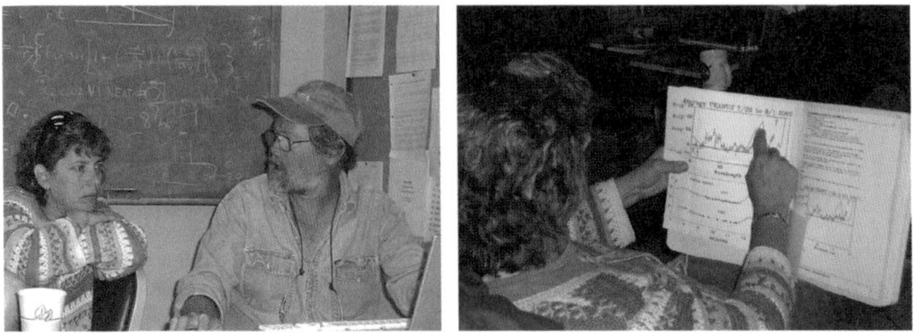

하이디와 데이브가 그들이 얻은 결과를 과학자 집단과 어떻게 해석하고 소통할지 고민하고 있다(왼쪽). 하이디가 대학원 때부터 쭉 기록해온 노트를 조사하고 있다(오른쪽).

해 질 녘부터 새벽까지 이어진 세 번의 세션이 끝나고 숙소로 돌아갈 즈음에는 그들 모두 지쳐 있었다. 하이디는 자리에 눕자마자 잠들었고, 정오 무렵에 기운을 회복하고 깨어났다. 코네티컷에 있는 가족들이 저녁식사를 할 시간이 되면 하이디는 식당에서 요기를 들기 전에 남편 팀과 아이들에게 전화를 건다. 그런 다음에 오랫동안 화성에 대해 연구해온 데이브를 찾는다.

데이브와 하이디는 화성에서 얻은 정보가 국제천문연합 회람에 실릴 만큼 중요한 정보라는 것에 동의한다. 현상을 과장하지 않도록 단어를 하나하나 조심스럽게 선택하는 반면, 화성이 아직 지구와 가까이 있을 때 다른 천문학자들이 자신들의 연구를 이어가기를 기대했다.

그들은 둘 다 진지했지만, 자주 미소 지었다. 그들이 열심히 일하는 모습은 그들이 왜 과학을 사랑하는지 보여주는 완벽한 예시였다. 작은 위성들을 관측하는 데에서 가장 놀라웠던 점은 그들이 위성을 보기 위해 만반의 준비를 하지는 않았다는 것이다. 그러나 그들은 약간의 시간과 좋은 기후 조건에 힘입어 아무도 예측하지 못한 화성의 위성들을 관측했다.

앞으로 겪을 변화

하이디는 하와이를 떠나면서, BASS 팀과 함께 또 한 번 천왕성을 관찰할 기회를 얻기를 기대했다. 천왕성이 2007년 분점에 가까워질 때 어떤 변화를 보게 될지 흥분되었다. 그렇게 매우 어두운 행성을 관찰할 때는 세밀한 측정이 필요하다는 것을 알지만, 그런 모험은 그녀를 끌어당기는 매력으로 다가왔다.

분점은 전환의 시점이다. 그리고 하이디의 삶에서 전환이란 더 많은 기회를 의미했다. 이제 하이디는 사람들이 말하는 '경력의 중간'에 도달했고, 자신의 과학 여정에서 전환의 신호들을 보고 있다. 그녀는 타고난 관측 과학자와 대중 소통가를 넘는 또 다른 무언가가 되고 있는 중이다. 이제 그녀는 천체 과학과 천문학을 이끄는 사람이다.

최근, 하이디는 몇몇 중요한 과학 단체에서 제안을 받았다. 그 중 눈에 띄는 것은, 제임스 웹 천체 망원경James Webb Space Telescope의 관측 계획을 세우는 일이었다.

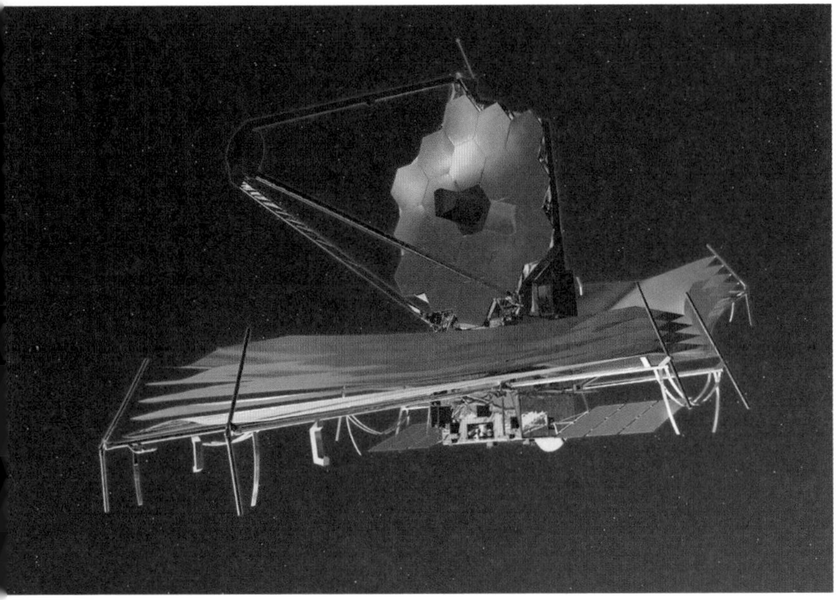

제임스 웹 천체 망원경은 우주의 첫 번째 별과 은하를 관찰할 수 있는 지역인 지구로부터 약 160만 킬로미터 떨어진 곳에 자리하면서 공전하는 적외선 감지를 통해 물체를 감지한다.

그러나 하이디는 너무나도 많은 제안을 받기 때문에, 조심스러운 선택이 필요하다. 보통의 과학자들은 협회가 어떤 달콤한 제안을 하느냐에 따라 선택하겠지만, 하이디는 그렇게 생각하지 않는다. 그녀는 삶에 전환점이 올 때마다 스스로에게 물었던 것을 묻는다. 어떤 선택이 가장 흥미롭고 도전적일까?

이 질문은 하이디의 삶을 마치 천왕성의 분점처럼, 예측하지 못하는 방향으로 이끈다. 그리고 삶의 예측 불가능성은 지금까지 하이디에게 많은 기회를 주었다. 그레이트풀 데드의 노랫말이 이것을 가장 잘 설명할 것이다.

그래, 나는 어디로 가는지 몰라.
그러나 틀림없이 그 길을 갈 거야.

얼마나 많은 계획을 세우건 간에, 예상하지 못한 기회와 도전은 늘 다가올 것이다. 성공의 비결은 기회를 알아차리는 것, 또 그 기회가 가져올 도전을 받아들이는 것, 그리고 그 길을 가는 것이다.

감사의 말

이 책을 쓰는 일은 내게 큰 모험이었다. 이것을 가능하게 해준 하이디 해멀에게 진심으로 감사의 마음을 전한다. 하이디는 내게, 연구자는 사실로부터 이야기가 나올 수 있게 해야 한다는 점을 반복적으로 되새겨주었다. 이것은 행성을 관찰하는 것만큼이나 전기 집필 작업에도 적용될 진실이었다. 일일이 열거할 수 없이 많은 하이디의 친구 및 동료들과 간단한 이메일을 주고받았다. 하이디의 삶과 작업에 대한 가장 중요한 통찰은 가족들, 어린 시절 친구들, 선생님들로부터 나왔다. 팀 달턴, 아이린 디킨슨, 짐 엘리엇, 리사 게스너, 헤이즌 해멀, 필리스 해멀, 마이클 잭, 테레사 케네디, 수전 슈트, 베스 쇼. 또한 IRTF를 방문한 나를 세심하게 챙겨준 하와이 대학교 천문 연구소의 동료들, 같은 팀의 팀원처럼 대해준 연구자들, 하이디의 집을 방문했을 때 따뜻하게 맞아준 아이들에게도 정말 감사드린다. 그리고 숙련된 편집이 이 프로젝트에 얼마나 귀중한 것인지 새삼 깨닫게 해준 다이앤 오코넬에게도 감사의 마음을 전하고 싶다. 마지막으로, 내 가족들에게도 감사를 전하고 싶다. 특히 이 책을 쓰는 동안 연구 이야기와 마우나케아에서의 밤들에 대한 이야기를 재미있게 들어준 소설

가이자 막내 여동생인 페이 네드라 재커리에게 고마운 마음을 전한다. 페이, 이건 너를 위한 거야.

걸어온 길

1960 3월 14일, 캘리포니아 주 새크라멘토에서 출생.

1970 가족이 펜실베이니아에 위치한 클라크스 서밋으로 이사.

1978 클라크스 서밋에 있는 애빙턴 하이츠 고등학교 졸업.

1982 케임브리지 MIT 졸업. 지구환경과학 전공.

1982 하와이 대학교에서 대학원생으로 지내는 동안, 호놀룰루 교회 합창단에 가입.

1983 7월 18일, 아버지 로버트 해멀 사망.

1984 경극 〈둥지로 돌아간 봉황〉 영어 공연에서 타악기 연주자를 맡아 중국 여행.

1986 캘리포니아 패서디나에 위치한 NASA의 JPL의 초청을 받아 보이저 2호의 천왕성 촬영 관측.

1988 하와이 대학교에서 물리 천문학 전공 박사 학위 취득. JPL에서 박사 후 연구원 자리를 구함.

1989 8월, 보이저 2호가 해왕성에 근접비행할 때, 정보를 이미지화하는 팀에 소속됨. 또, 하와이 대학교의 88인치 망원경을 사용하여 비행 도중 붉게 필터링된 해왕성의 이미지를 저장함.

1990 허블천체망원경을 우주왕복선 디스커버리호의 궤도에 발사. JPL에서 박사 후 과정을 끝내고 MIT에서 지구, 천문, 행성 과학을 전공으로 연구 과학자가 됨.

1993 유진 슈메이커, 캐럴린 슈메이커, 데이비드 레비가 3월에 아홉 번째 혜성 발견. 그 혜성에 '슈메이커–레비 9'라는 이름이 붙음. 하이디가 제출한, HST을 사용한 해왕성 관측 제안서 통과.

1994 1월, HST의 가시광선 이미지를 사용하여 슈메이커–레비 9

혜성의 충돌을 연구하는 프로젝트의 최고 책임자가 됨. 6월, HST를 이용한 하이디의 결과물이 새로운 선물을 가져옴. 해왕성의 대암점이 사라진 것. 혜성 대충돌은 7월 16일에서 7월 22일까지 일어남.

1996 하이디와 팀 결혼. '1981 EC20'으로 불리던 소행성이 하이디의 이름을 따 해멀 행성이 됨. 미국천문학회가 뛰어난 발견을 한 젊은 과학자에게 주는 해럴드 C. 상을 받음.

1997 5월 15일, 딸 비에트리스 출생.

1998 샌프란시스코 과학관으로부터 '과학과 대중의 소통' 관련 부문상 받음.

1999 5월 27일, 아들 토비아스 출생. 천체과학협회 선임 연구원으로 임명.

2001 5월 22일, 아들 루카스Lucas 출생.

2002 〈디스커버〉가 선정한 '가장 영향력 있는 여성 과학자 50인' 안에 듦. 천체과학과 대중의 소통 부문에서 칼 세이건 메달 수상.

2005 천체과학협회에서 일함. 천체 천문학에 대한 대중과의 소통을 시도하고, 교육을 통해 이해를 증진시키는 일에 참여. 제임스 웹 천체 망원경의 관측 계획을 세우는 팀의 일원.

2009 애들러 플라네타륨 여성 위원회에서 '올해의 우주과학 분야의 여성'으로 선정함.

2016 천문연구대학연합 수석부회장을 맡고 있음.

용어 설명

이 책은 천문학에 관한 책이다. 천문학은 별, 달, 행성, 그리고 우주 물질을 연구하는 학문이다. 천문학을 뜻하는 영어 'astronomy'는 라틴어 'astronomia'에서 왔는데, 이 단어는 그리스어 'astron(별)'과 'nomus(분포)'에서 나왔다. 많은 천문학 용어가 라틴어나 그리스어에 어원이 있다. 더 많은 정보를 얻고 싶으면 사전을 찾아보면 된다.

고리rings: 행성 주위를 도는 얼음 결정체나 바윗덩이 등으로 만들어진 동그란 형태의 물질.

관측observatory: 천문 현상을 관측하고 연구하고자 설치한 시설이나 기관을 가리킨다. 관측을 뜻하는 영어 단어 'obserratory'는 라틴어 'ob(앞)'와 'servare(보다)'에서 나왔다.

구름cloud: 눈에 보이는 입자 또는 기체가 모여 있는 것. 지구의 구름은 공기 중의 수분이 엉겨 미세한 물방울이나 얼음 결정의 덩어리가 되어 공중에 떠 있다. 해왕성의 가시적 구름 상위층은 언 메탄가스의 결정이라고 알려져 있다.

궤도orbit: 한 천체가 그보다 몸집이 큰 다른 천체의 둘레를 도는 길이다. 공전 궤도는 두 물체 사이의 중력에 의해 결정된다. 궤도를 뜻하는 영어 'orbit'는 라틴어 'orbita(바퀴의 흔적)'에서 나왔다.

달moon: 행성의 인력에 의하여 그 둘레를 도는 천체이며 위성이라고도 한다. 주로 작은 물질이 큰 물질의 주변을 돈다.

대기atmosphere: 행성을 둘러싸고 있는 기체의 층. 지구의 대기는 78%의 질소, 21%의 산소로 이루어져 있다. 나머지 1%는 수분, 이산화탄소, 다른 기체다.

별star: 뜨거운 기체로 이루어진 거대한 공 모양의 천체. 중력에 의해 뭉쳐 있으며 중심부에서부터 에너지를 이용하여 빛을 뿜는다.

분점equinox: 행성의 궤도가 태양의 궤도를 돌 때 두 번 일어나는 현상으로, 행성의 모든 부분에서 낮과 밤이 같은 길이로 나타난다. 영어 단어 'equinox'는 라틴어 'aequus(똑똑하다)'와 'nox(밤)'에서 유래한다.

소행성asteroid: 태양 주위를 도는 바윗덩어리 물질. 대부분의 소행성은 작은 행성 또는 미행성이라고도 하며, 화성과 목성의 궤도 사이에 산재한 작은 천체다. 소행성을 뜻하는 영어 'asteroid'는 '별과 비슷한'이라는 뜻을 지닌 그리스어 'astereides'에서 왔다.

식蝕, eclipse: 우주에 있는 한 천체가 다른 천체의 일부나 전부를 가리는 현상. 지구에서 관찰되는 식 중 일식은 태양의 일부나 전부를 가리는 현상이다. 월식월식은 달이 지구 그림자에 달의 일부나 전부가 가려지는 현상이다.

엄폐occultation: 가까이 있는 행성이나 소행성이 지구와 별 사이를 지나갈 때, 지구에서 관측되는 별빛의 세기가 약해지거나 보이지 않는 것. 이것은 가까이에 있는 천체에 의해 별의 식이 일어나기 때문이다.

은하계galaxy: 별, 먼지, 기체의 큰 집단이 중력에 의해 모인 것. 우리 은하는 우주에 존재하는 10억 개의 은하계 중 하나다.

자료data: 관찰이나 측정을 통해 수집한 정보를 실제 문제에 도움이 되도록 정리한 사실들의 집합. 여러 형태의 숫자나 이미지로 나타날 수 있다.

적외선infrared: 가시광선의 빨간색과 전파 사이에 있는 전자기파의 스펙트럼.

충衝, opposition: 관측자를 기준으로 우주에 있는 행성과 같은 물질이 태양 반대편에 위치할 때를 의미한다.

탐사probe: 무인 우주선을 지구에서 쏘아 올려, 알려지지 않은 사물이나 사실 따위를 샅샅이 조사하여 다시 지구로 보내 그에 대한 정보를 얻는 것.

태양계solar system: 태양과 그것을 중심으로 공전하는 천체의 집합. 태양, 행성, 위성, 소행성, 혜성, 먼지와 기체를 포함한 작은 물질 따위로 이루어져 있다.

파장wavelengh: 파동에서, 같은 위상을 가진 서로 이웃한 두 점 사이의 거리.

행성planet: 중심 별의 강한 인력을 받아 그 주위를 타원 궤도를 그리며 도는 천체. 행성을 뜻하는 영어 'planet'은 그리스어 'planes(떠돌이)'에서 왔다.

현상phenomena: 인간이 관찰할 수 있는 사실, 사건, 상황.

혜성comet: 태양을 중심으로 도는 작은 덩어리이며, 얼음 덩어리, 먼지, 언 상태의 기체 등으로 이루어져 있다. 혜성이 태양 가까이로 갈수록 태양을 초점으로 긴 꼬리를 끌고 타원이나 포물선, 또는 쌍곡선의 궤도를 그리며 운동한다. 태양 바람이 구름을 강타하면 곡선 형태의 긴 꼬리가 생성된다.

여성 과학자에 관한 웹사이트인 www.iWASwondering.org를 방문하면 기후 과학자, 천문학자, 야생 생물학자, 로봇 공학자 등 다양한 분야에 몸 담고 있는 여성 과학자들의 이야기를 접할 수 있다. 게임을 하고, 만화를 즐기고, 과학자가 되는 연습을 해보길 바란다. 재미있게 노는 동안 이 세상을 바꾼 놀라운 여성 과학자를 만나게 될 것이다.

도서

Kerrod, *Robin. Starwatch: A Month-by-Month guide to Night Sky*. **Hauppauge, NY: Barron's, 2003**

행성과 별을 배우기 위해 꼭 우주선에 탑승해야 하는 건 아니다. 당신에게 필요한 모든 것은 열린 하늘과 이 책뿐이다. 행성, 천체, 그리고 다른 여러 현상들을 포함한 우주의 신비를 배워보자. 별자리 지도와 평면 천체도는 당신이 별의 지도를 그리도록 도와줄 것이다.

Levy, David H. *Impact Jupiter: The Crash of Shoemaker-Levy 9*. **Cambridge, MA: Basic Books, 2003**

데이비드 레비가 유진 슈케이커, 유진과 캐럴린 슈메이커와 함께한 슈메이커-레비 9 행성 발견 이야기, 또 이 혜성이 1994년에 목성과 충돌했을 때의 흥미진진한 이야기를 들려준다. 책장을 빨리 넘길 수밖에 없는 세세한 이야기가 담긴 이 책은 태양계에서 벌어지는 가장 흥미진진하고 스릴 넘치는 정보로 넘쳐난다.

Ride, Sally and Tam O'Shaughnessy. *Exploring Our Solar System*. **New York:**

Crown Publishers, 2003
미국 최초의 여성 우주인과 함께 태양계의 행성으로 짜릿한 모험을 떠나자. 지구와 이웃한 행성을 하나씩 배울 수 있다. 환상적인 그림과 멋있는 천체, 우주 비행 정보도 실려 있다.

Voit, Mark. *Hubble Space Telescope: New Views of the Universe*. NewYork: H. N. Abrahms, 2000
허블천체망원경으로 찍은 숨 막히는 사진들은 아무도 거부할 수 없다. 그중 가장 멋진 사진들이 장비 설명과 함께 우주에 대한 지식을 넓혀준다.

웹 사이트

허블천체망원경: http://hubblesite.org
메릴랜드 주 볼티모어Baltimore에 위치한 천체망원경 과학협회의 공식 사이트. 허블 망원경으로 관측된 아름다운 우주가 실려 있다. 갤러리를 방문하고 '재미와 게임' 페이지를 통해 교류해보자.

적외선 천문학: http://coolcosmos.ipac.caltech.edu/cosmic_classroom/ir_tutorial
캘리포니아 공과대학이 운영하는 이 사이트에서 적외선(그리고 다른 파장을 가진 전자기적 스펙트럼 상의 파장들)을 배워보자. 비디오 애니메이션, 게임, 이미지가 실린 갤러리 등에서 우주의 신비, 그리고 지구에서의 일상적인 모습을 들여다본다.

마우나케아: http://www.ifa.hawaii.edu/mko/about_maunakea.htm

하와이 대학 천문연구소는 마우나케아 관측소를 운영한다. 화산 정상에 설치한 망원경에 관한 모든 것을 배울 수 있고, 하늘에서 본모습도 구경할 수 있다.

천체 과학: http://spaceplace.jpl.nasa.gov/en/kids/index.shtml

NASA가 만든 웹사이트인 천체 구역은 천체에 관한 단어 맞추기, OX 퀴즈, 손으로 직접 조작해보는 다양한 활동들이 많다.

보이저 미션: http://voyager.jpl.nasa.gov

NASA의 JPL은 보이저의 과거와 현재에 대한 모든 기사, 사실, 이미지 등을 찾아보기에 적합한 곳이다.

참고 문헌

이 책을 쓰기 위해 이네즈 펑과 그녀의 가족, 친구 및 동료들과 인터뷰했을 뿐 아니라 여러 책을 읽으며 조사했다. 이네즈가 조언해준 자료의 일부를 제시한다.

Burrow, William E. *This New Ocean: The Story of the First Space Age.* New York:Random House, 1998.

Croswell, Ken. *Planet Quest: The Definitive Guide to the Scientific Exploration of the Universe and the Search for Life on Other Planets.* New York: Harcourt Brace, 1997.

Darling, David. *The Universal Book of Astronomy.* Hoboken, NJ: John Wiley & Sons, Inc., 2004.

Levy, David H. *Impact Jupiter: The Crash of Shoemaker-Levy 9.* Cambridge, MA: Basic Books, 2003.

McCurdy, Howard. *Space and the American Imagination.* Washington, D.C.: Smithsonian Institution Press, 1997.

NASA TV. *Comet Impact 1994.* Set of twelve VHS tapes recorded on May 18, 1994 and July 16–23, 1994. Courtesy of Donald Savage, NASA.

Shoemaker, Eugene and Carolyn, interviews by Fred Bortz at the Shoemaker home and Lowell Observatory, Flagstaff, Arizona, on June 30, 1995.

Spencer, John R. and Jacqueline Mitton, eds. *The Great Comet Crash: The Collision of Comet Shoemaker-Levy 9 and Jupiter.* New York: Cambridge University Press, 1995.

시리즈 자문위원회

이 시리즈를 기획하고 발전시키는 데 수많은 훌륭한 분들이 시간을 내주고 조언해주었다. 시간과 재능을 나누어준 다음 분들에게 감사드린다.

〈전문가 자문단〉

맥신 싱어 Maxine Singer(자문단 위원장) 생화학자. 워싱턴카네기협회 전 회장.

새러 리 슈프 Sara Lee Schupf 새러리 기업Sara Lee Corporation의 수장으로 과학계 여성의 헌신적인 지지자.

브루스 앨버츠 Bruce Alberts 분자세포생명과학자. 미국 국립과학원 회장, 미국 연구위원회 회장(1993~2005).

메이 베렌바움 May Berenbaum 곤충학자. 일리노이 대학교(어배나, 샘페인) 곤충학과 학과장.

리타 R. 콜웰 Rita R. Colwell 미생물학자. 메릴랜드 대학교 및 존스홉킨스 대학교 석좌교수. 미국 국립과학재단 전 이사장.

크리슈나 포스터 Krishna Foster 캘리포니아 주립대학교(로스앤젤레스) 화학·생화학학과 조교수.

앨런 J. 프리드먼 Alan J. Friedman 물리학자. 뉴욕과학관 관장.

토비 혼 Toby Horn 생명과학자. 워싱턴 카네기협회의 과학교육 카네기 아카데미 공동 소장.

셜리 잭슨 Shirley Jackson 물리학자. 렌셀러 폴리테크닉 연구소 소장.

제인 버틀러 케일 Jane Butler Kahle 생명과학자. 마이애미 대학교(옥스퍼드, 오하이오) 과학교육학과 교수.

바브 랭그리지 Barb Langridge 하워드 카운티 도서관 어린이 전문가. WBAL-TV 어린이 도서 평론가.

제인 루브첸코 Jane Lubchenco 오리건 주립대학교 해양생물학과 동물학 교수. 국제과학협의회 회장.

프레마 마타이-데이비스 Prema Mathai-Davis 미국 YMCA 전 회장.

마르시아 맥너트 Marcia McNutt 지구물리학자. 몬터레이만 아쿠아리움 연구소 소장.

팻 스캘스 Pat Scales 사우스 캐롤라이나 예술인문 거버너스 스쿨 도서관 서비스 회장.

수전 솔로몬 Susan Solomon 대기화학자. 미국 국립해양대기청 초고층 대기 물리학 연구소의 원로 과학자.

셜리 틸먼 Shirley Tilghman 분자생명과학자. 프린스턴 대학교 총장

게리 휠러 Gerry Wheeler 물리학자. 국립과학교사협회 전무이사.

〈도서관 자문단〉

미국 전역의 많은 학교와 공공 도서관이 샘플 디자인과 본문을 친절하게 검토해주었고, 책의 포맷에 관한 질문에 답해주었으며, 책을 발간하는 동안 계속해서 전문적인 자문을 해주었다.

배리 M. 비숍 Barry M. Bishop 도서관 정보 서비스 팀장, 스프링 브랜치 교육청(휴스턴, 텍사스)

대니타 에스트먼 Danita Eastman 어린이 책 평가사, 로스앤젤레스 카운티 공공 도서관(다우니, 캘리포니아)

마사 에드먼드선 Martha Dedmundson 도서관 서비스 코디네이터, 덴튼 공공 도서관(덴튼, 텍사스)

달시 페어 Darcy Fair 어린이 서비스 매니저, 벅스 카운티 도서관(야들리, 펜실베이니아)

캐슬린 핸리 Kathleen Hanley 스쿨 미디어 전문가, 코맥 로드 초등학교, (아이슬립, 뉴욕)

에이미 라우티트 존슨 Amy Louttit Johnson 도서관 프로그램 전문가, 플로리다 주립 도서관 및 기록 보관소(탤러해시, 플로리다)

매리 스탠턴 Mary Stanton 청소년 전문가, 자료 선정 사무국, 휴스턴 공공 도서관(휴스턴, 텍사스)

브랜다 G. 툴 Brenda G. Toole 교육 미디어 서비스 감독관(파나마시티, 플로리다)

〈학생 자문단〉

이 시리즈를 비평하고 평가함으로써 도움을 준 다음 학교와 기관의 학생들에게 감사드린다. 디자인과 이야기 진행에 관한 피드백(개선을 위한 정보나 의견)이 본 프로젝트를 진행하는 데 지대한 영향을 미쳤다.

아그네스 어윈 스쿨(로즈먼트, 펜실베이니아)
라콜리나 중학교(샌타바버라, 캘리포니아)
하커데이 스쿨(댈러스, 텍사스)
중부 메릴랜드 걸스카우트, 주니어 걸스카우트 지구대 #545
중부 메릴랜드 걸스카우트, 주니어 걸스카우트 지구대 #212

도판의 출처

표지 Erin Kiernan Photography, 9 Courtesy University of Hawai'i, 10 Ricard J. Wainscoat; 14 NASA and Erich Karoschka, University of Arizona; 15 Coutesy Heidi Hammel; 16 Magrath Photography/Photo Researchers, Inc.; 18, 19 ©1999, Calvin Hamilton; 20 Courtesy Heidi Hammel; 24 NASA/JPL; 26 Tom Jarrett; 29(위) NASA; (중간) Hubble Heritage Team (AURA/STScl/NASA); (아래) NASA and Erich Karoschka, University of Arizona; 30, 31, 33, 34 Courtesy Heidi Hammel; 38 Fred Bortz; 39(위) Courtesy Heidi Hammel; (아래) Francesca Moghari; 41 Courtesy Heidi Hammel; 44 Courtesy Michele Bendrick Jack; 45, 46 Abington Heights High School Yearbook, 1977; 47 Abington Heights High School Yearbook, 1978; 48 Courtesy Heidi Hammel; 53 Courtesy Mary Rhodes; 56 Donna Coveney/MIT; 58, 62 Courtesy Heidi Hammel; 64 Courtesy Jim Elliot; 65(위) Courtesy Adler Planetarium; (삽입) U.S. Geological Survey; 66 Courtesy Jim Elliot; 69 © Philip Gould/Corbis; 72 Courtesy Heidi Hammel; 78 Rob Wood, Matthew Frey, Wood Ronsaville Harlin, Inc; Annapolis, Maryland; 79(위) NASA/ARC; (아래) NASA and Erich Karoschka, University of Arizona; 81 Courtesy University of Hawai'i; 82 Courtesy Kathy Crosier; 86(위) Courtesy Heidi Hammel; (아래) Courtesy Greg Poulos, www.psilo.com; 88(위) from Chinese National Opera, 1985; (아래) Courtesy University of Hawai'i, 90 NASA/JPL; 95(위) Courtesy Heidi Hammel; (아래 왼쪽) NASA/MSFC; (아래 오른쪽) Richard J. Wainscoat; 96 H. Hammel (MIT), NASA; 97, 98, 101 NASA/JPL; 102 Courtesy Heidi Hammel; 102, 108, 109., 110, 111 NASA/JPL; 114 NASA/JSC; 115 Courtesy Infrared Telescope Facility/NASA; 116 Courtesy Heidi Hammel; 120 NASA; 121(위) NASA/MSFC; (아래) NASA; 123 NASA/JPL, and MIT; 125(위) © Peter Staettmayer; (아래) Dr. H. A. WEaver & T. E. Smith, STScl/NASA; 130, 133 NASA/JPL; 137 NASA/STScI; 138 H. Hammel (MIT); 139 NASA/JPL; 143 AP/Wide World Photos; 144 Erin Kiernan Photography; 149 Courtesy Heidi Hammel; 152 Fred Bortz; 154 Darryl Watanabe, NASA Infrared Telescope Facility; 158 Andy Steere; 159 Fred Bortz; 161 NASA; 163 Fred Bortz; 164 NASA; 165 Johannes Schedler; 168 Fred Bortz; 170 NASA/STScl.

illustrations : Max-Karl Winkler

거침없이 도전한 여성 과학자 04

목성 너머 : 행성 천문학자 하이디 해멀

1판 1쇄 2016년 11월 11일
1판 2쇄 2017년 10월 27일

글쓴이 프레드 볼츠
기획 한국여성과총 교육홍보출판위원회
옮긴이 한국여성과총 교육홍보출판위원회
강인숙 권오남 김인선 남영미 박진아 변인경 여의주 이숙경 조성경
펴낸이 김정순
편집 허영수 이근정
디자인 김진영 모희정
마케팅 김보미 임정진 전선경

펴낸곳 (주)북하우스 퍼블리셔스
출판등록 1997년 9월 23일 제406-2003-055호
주소 04043 서울시 마포구 양화로 12길 16-9(서교동 북앤빌딩)
전자우편 henamu@hotmail.com
홈페이지 www.bookhouse.co.kr
전화번호 02-3144-3123
팩스 02-3144-3121

ISBN 978-89-5605-781-1 04400
978-89-5605-777-4 (세트)

* 본 출간 사업은 과학기술진흥기금 및 복권기금의 지원을 받아 진행되었습니다.

이 도서의 국립중앙도서관 출판시도서목록(CIP)은 서지정보유통지원시스템 홈페이지(http://seoji.nl.go.kr)와 국가자료공동목록시스템(http://www.nl.go.kr/kolisnet)에서 이용하실 수 있습니다.(CIP제어번호: CIP2016024609)